Mein Lern-Rätsel-Block

3. Klasse:

Seite 3–21	Deutschaufgaben
Seite 22–39	Mathematikaufgaben
Seite 40	Urkunde
Seite 41–74	Deutsch und Mathematik: Rätsel und Übungen
Seite 75–80	Lösungen

4. Klasse:

Seite 82–101	Deutschaufgaben
Seite 102–119	Mathematikaufgaben
Seite 120	Urkunde
Seite 121–154	Deutsch und Mathematik: Rätsel und Übungen
Seite 155–160	Lösungen

Klasse 3: Deutsch und Mathematik

Anleitung zu den Seiten 3–39

- Auf diesen Seiten erhältst du Punkte für richtig gelöste Aufgaben.
- Auf dem Bleistift unten rechts siehst du, wie viele Punkte du bekommst.

- Kontrolliere die Lösung auf den Lösungsseiten und trage deine Punkte ein.
- Zähle alle Punkte zusammen und trage deinen Punktestand auf der Urkunde auf Seite 40 ein.
- Lass die Urkunde von deinen Eltern unterschreiben.

Satzzeichen setzen

Setze die richtigen Zeichen ein. Ergänze die Sätze. Unterstreiche die direkte Rede. *Tipp*: Die direkte Rede kann vorn oder hinten stehen.

Paul fragt: Gibst du mir bitte die Butter?

Lisa antwortet ______________________________

Jan meckert: Die Suppe ist kalt.

Mutter schimpft ______________________________

Ich habe zu viel gegessen! seufzt Vater.

______________________________ meint Paul.

Setze die richtigen Satzzeichen ein.

Die Matrosen Max und Jan schwimmen nach einem Schiffbruch zu einer Insel. Jan fragt ___ Wie weit ist es noch bis zum Strand ___ Da antwortet Max ___ Noch 2 Kilometer ___ Das hast du vor 3 Stunden auch schon gesagt ___ schnauft Jan. Max entgegnet ___ Meinst du, ich ändere so schnell meine Meinung ___

Meine Gesamtpunktzahl beträgt:

Wortfeld sagen

● Setze die passenden Tunwörter ein:
murmeln, schimpfen, erklären, fragen.

Tina ____________ : „So ein Regenwetter heute.“

Jan ____________ : „Hast du den Donner gehört?“

Tina ____________ : „Ich möchte nach Hause.“

Jan ____________ : „Das Gewitter ist bald vorbei.“

●● Schreibe die Wörter passend in die Tabelle.

klagen, jubeln, meckern, jammern, fluchen, stöhnen, brüllen, sich freuen, lachen

glücklich	wütend	unglücklich

Meine Gesamtpunktzahl beträgt: ______

Texte lebendig erzählen

Setze die passenden Wiewörter ein.
Achte auf die richtigen Endungen.

bitter	schön	sonderbar	dick
köstlich	verbeult	winzig	kariert

Es war einmal ein __________ Mann. Er trug immer __________ Hosen, Krawatte und einen __________ Hut auf dem Kopf. Wenn ihn die Leute auf der Straße sahen, waren sie erstaunt wegen seines __________ Aussehens. Der Mann ging jeden Tag um 14 Uhr in ein Restaurant und aß einen Teller __________ Spaghetti. Dazu trank er __________ Kaffee. Anschließend ging er quer durch den __________ Stadtpark wieder zurück in seine __________ Wohnung.

8

Meine Gesamtpunktzahl beträgt:

Sätze umstellen

Das Gespenst ist unzufrieden mit seiner Geschichte. Kannst du die Sätze umstellen?

Ich wohne seit Langem in einer alten Burg. Ich habe dort ein schönes Leben. Ich spuke im Schloss nachts um 12. Ich bade nachts am liebsten im Burggraben. Ich treffe dort meine Freundin, die Nixe Josi. Ich muss in mein Turmzimmer zurück, wenn der Mond aufgeht.

Seit Langem wohne ich in einer alten Burg.

Meine Gesamtpunktzahl beträgt:

Wörter mit ie

1. Hier gehören jeweils 3 oder 4 Wortteile zusammen.
Schreibe die Wörter mit Begleiter auf.

Bie	fel	wür	nig	dieb	see	Rie
nen	Wie	blu	schen	Ta	rad	men
Spiel	ho	sen	Tief	tau	sen	cher

6

2. Schreibe mit möglichst vielen Wörtern aus
Aufgabe 1 eine lustige Geschichte.

6

Meine Gesamtpunktzahl beträgt:

Vorsilben vor- / ver-

Verbinde die Wörter mit den Vorsilben *vor-* und *ver-*. Welche neuen Wörter findest du?
Tipp: Oft passen beide Vorsilben.

vor- **ver-**

tanzen **kaufen** **machen** **geben** **irren** **leihen** **lassen** **spielen** **sagen** **lesen** **zeigen** **stehen** **teilen**

9

Ein lustiger Schlangensatz. Trenne die Wörter mit Strichen und schreibe sie auf.

____

____

3

Meine Gesamtpunktzahl beträgt:

Wörter mit d/t, g/k, b/p

Schreibe die Namenwörter in der Einzahl und der Mehrzahl auf. Vergiss den Begleiter nicht.

der Berg *die Berge*

4

Der Taschendieb hat Buchstaben geklaut. Kannst du sie ergänzen?

We Die wüten trü

Mon Gra klu gro

Köni gesun

5

Meine Gesamtpunktzahl beträgt:

Wörter mit besonderer Schreibweise

• Kreise alle Wörter mit ai ein, schreibe sie auf und lerne den Spruch auswendig.

Im Mai
saß der Kaiser
in Mainz am Main
und angelte mit Mais
einen Hai.

•• Schreibe die passenden Wörter unten auf.

a) Ein Fisch, der wie eine Schlange aussieht.
b) Hier wohnen viele Tiere aus aller Welt.
c) Sie kommt in vielen Märchen vor.
d) Du kannst daraus zwei Zöpfe flechten.
e) Im Winter fällt es weiß vom Himmel.
f) Fischer fahren damit auf den See.
g) Es hat vier Blätter und bringt dir Glück.
h) Es ist weich und grün und wächst im Wald.

a) ________ b) ________ c) ________ d) ________

e) ________ f) ________ g) ________ h) ________

Meine Gesamtpunktzahl beträgt:

Wörter mit ck und tz

● Findest du die Wörter mit tz? *Tipp:* Vor tz steht immer ein kurz gesprochener Selbstlaut.

a) Haustier: ______________________________

b) Man trägt es im Winter
auf dem Kopf: ______________________________

c) Donner und ______________________________

d) Auf einem Stuhl kannst du ________________.

e) Man tut es bei Hitze: ____________________

5

●● Welche Wörter mit ck oder k stehen auf dem Computerbildschirm? Ergänze sie richtig.

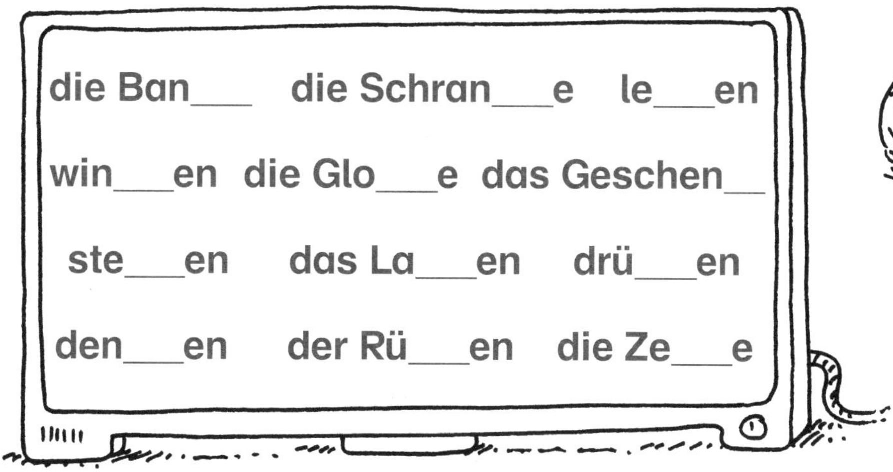

6

Meine Gesamtpunktzahl beträgt:

Doppelte Mitlaute

• Schreibe jeweils das passende Reimwort dazu.

Mutter	B ________	wissen	K ________
Tanne	K ________	nass	F ________
Nuss	K ________	Schluss	F ________
Fett	B ________	trennen	r ________
Ratte	W________	Teller	K ________

5

•• Welche Wörter verstecken sich in den Luftballons? Schreibe sie auf.

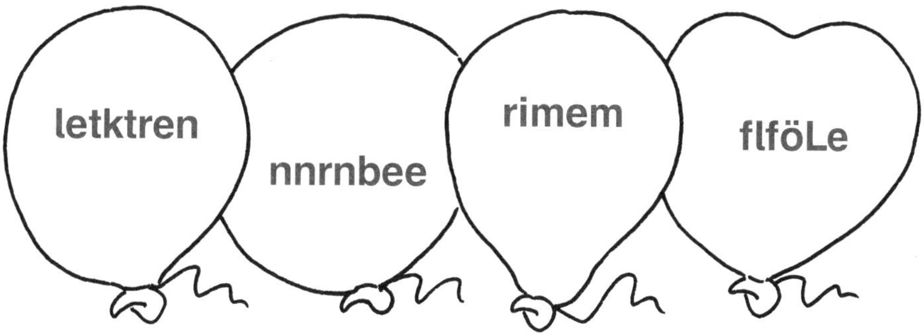

____

____

4

Meine Gesamtpunktzahl beträgt:

Lesepyramiden

• Lies die Pyramiden fehlerfrei abwärts.

Spiel
Spitzer Spruch
Spaß Spange Sport
Spiegel Sprung Spannung Spießer
spucken spicken spanisch springen spinnen

Steg
Stock Stimmen
Stein Stamm Stich
Strauch Storch Stelzen Stockente
stechen stolzieren stürzen stehen stumm

•• Setze die Satzzeichen ein. Betone sinnvoll.

Tina ist
ganz aufgeregt Thomas
darf heute seinen großen
Hund Bello mit in die Schule
bringen Im Unterricht sprechen die
Kinder nämlich über Haustiere und ihre Pflege

Meine Gesamtpunktzahl beträgt:

Texte lesen und verstehen

Setze die passenden Satzzeichen ein.
Lies die Sätze und betone sinnvoll.

Darf ich den Hund auch mal streicheln ___
Zieh Bello nicht am Schwanz ___
Bello trinkt viel Wasser ___
Gib ihm keine Bonbons ___
Ist Bello ein Schäferhund ___

Bringe die Textteile in die richtige Reihenfolge.
Nummeriere die Sätze von 1–4.

☐ Mit einem großen Holzlöffel verrühren sie Fledermauszähne, Essig und Vampirblut.

☐ Im Burgverlies schweben nachts 40 Schlossgespenster durch die Luft.

☐ Jetzt aber schnell! Um Mitternacht muss alles fertig sein, dann beginnt die Gespensterparty.

☐ Dieser magische Trank wird ihnen besondere Kräfte verleihen.

Meine Gesamtpunktzahl beträgt:

Lesespiele

● Lies den Text 4-mal hintereinander fehlerfrei.
Werde dabei immer schneller.

Super Diesen
Text kannst du jetzt
sicher fehlerfrei und gut
betont lesen nun bist du ein
Lesemeister Herzlichen Glückwunsch
zu diesem Titel mach weiter so dann macht
das Lesen auch richtig Spaß Findest du nicht

●● Kannst du die Sätze fehlerfrei lesen?

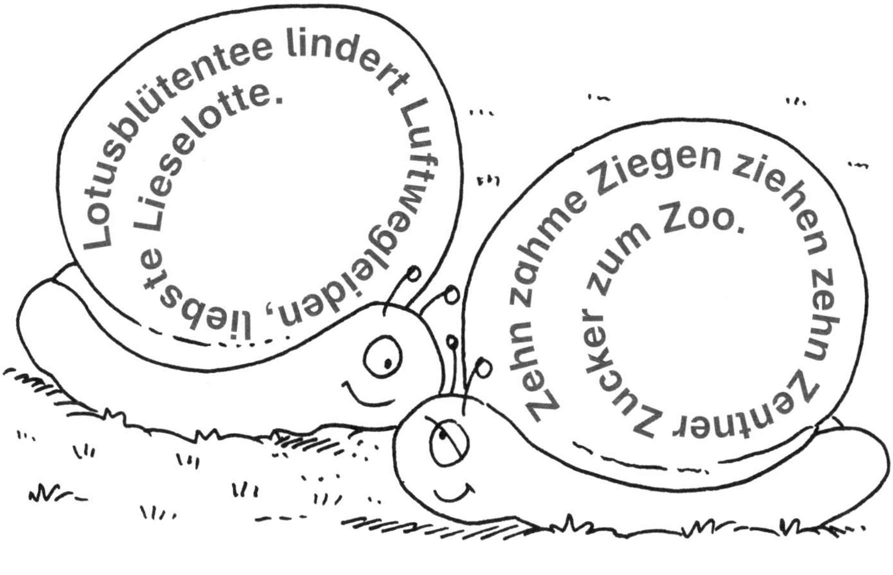

Meine Gesamtpunktzahl beträgt:

Betontes Lesen

Lies die Sätze wie angegeben vor.
Dein Zuhörer muss erraten, ob du die Texte fröhlich, traurig oder ängstlich liest.

Lies als wärst du sehr traurig:

Hole mio dimbida! Refumala timido.
Flimk Flok, hamme dudel merankola?
Mine sulama is? Domolo verloren.
Sinwa selomana isa so fil weinen dosaja
Emina eko enttäuscht lamma hassa ta!

Lies als wärst du fröhlich:

Hatta happa henaku! Mio mele mau.
Jubili jublile solastaffa. Inakasten taschernich!
Ili pili puli Kniee goz krisachlach!
Superdupa nachtermond schlakern.

Lies als hättest du Angst:

In nachtgoss schabu Gespenst
In dem dajekutermu!
Bekost so lupen dunkel Angst.
Da war resop gebuten.

Meine Gesamtpunktzahl beträgt:

Schlangenwörter

• Lies den Text so schnell wie möglich. Erzähle die Geschichte in eigenen Worten nach.

Dem Schwimmer wurde sein Schwimmbad zu klein. Er suchte sich einen See und wurde zum **Seeschwimmer.**
Doch bald war ihm auch der See zu langweilig. Er packte seine Schwimmflossen und fuhr an den Bodensee. Dort wurde er zum **Bodenseeschwimmer.**
Schnell lernte er andere Bodenseeschwimmer kennen. Sie schwammen um die Wette. Unser Schwimmer wurde Sieger und somit ein **Bodenseeschwimmsieger.**
Alle gratulierten und wählten ihn zum Vorstand. So wurde aus unserem kleinen Schwimmer ein **Bodenseevorstandsschwimmsieger.**

•• Erfinde selbst ein ganz langes Schlangenwort.

____

____

Meine Gesamtpunktzahl beträgt:

Wortarten bestimmen

Unterstreiche im Text die Namenwörter rot, die Tunwörter blau und die Wiewörter grün.

Morgen kommt ein großer Zirkus in unsere Stadt. Die Wagen ziehen durch die Straßen. Das Orchester spielt lustige Musik dazu und ein Clown mit Fliege jongliert mit bunten Bällen und großen Reifen. Die kleinen Affen springen herum und die starken Löwen brüllen.

Trage die unterstrichenen Wörter ein.

Namenwörter	Tunwörter	Wiewörter

12

Meine Gesamtpunktzahl beträgt:

Wortarten

• Verbinde. Schreibe die zusammengesetzten Namenwörter mit Begleiter auf.

4

•• Die Maschine bildet aus Namenwörtern Wiewörter. Schreibe die Wiewörter dazu.

Glück ____________

Geduld ____________

Durst ____________

Angst ____________

Hunger ____________

Kälte ____________

6

Meine Gesamtpunktzahl beträgt:

Satzglieder umstellen

Welche Streiche machen die Kinder?
Bringe die Satzteile in die richtige Reihenfolge.
Schreibe je 2 Aussagesätze auf.

(sägen) (in die Tür) (Jan und Tina) (ein Loch)

(unter der Bettdecke) (Spinnen) (sie) (verstecken)

(mit einer Angel) (aus dem Topf) (Jan und Tina) (fischen eine Karotte)

Meine Gesamtpunktzahl beträgt:

Satzglieder

● Frage nach den unterstrichenen Satzgliedern.

<u>Die Kinder</u> sind heute in der Schule.

Wer ist heute in der Schule? die Kinder

Lena schenkt <u>ihrer Mutter</u> ein Buch.

____

Wir gehen morgen <u>in den Zoo.</u>

____

Meine Schwester backt <u>einen Kuchen.</u>

____

●● Bilde 6 lustige Sätze und schreibe sie auf ein extra Blatt Papier.

In der Schule	sieht	der Polizist	den Pinsel.
Im Park	küsst	der Vogel	den Hut.
Auf der Bank	kauft	Oma	das Buch.
Unterm Bett	klaut	der Lehrer	das Auto.
Auf der Leiter	ruft	Astrid	die Katze.
Im Käfig	bezahlt	Jan	die Blume.

Meine Gesamtpunktzahl beträgt:

Halbschriftliches Addieren

● Rechne die Aufgaben halbschriftlich.

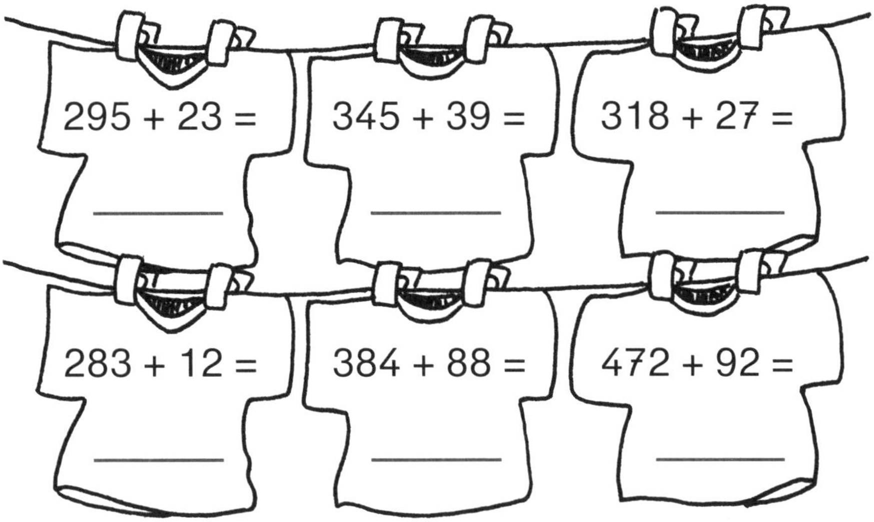

6

●● Fange bei 300 an. Addiere immer 23. Verbinde die Ergebnisse der Reihe nach. Was siehst du?

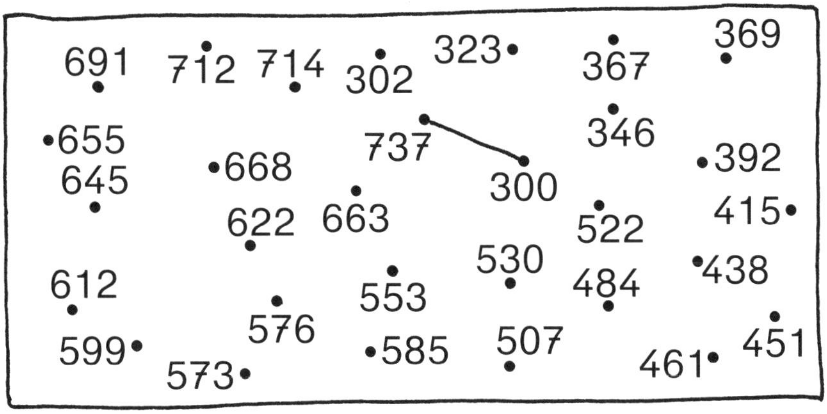

4

Meine Gesamtpunktzahl beträgt:

Halbschriftliches Subtrahieren

● Rechne aus und male die Felder mit den richtigen Lösungen an.

458 – 26 = ________

965 – 42 = ________

515 – 47 = ________

587 – 15 = ________

584 – 11 = ________

732 – 46 = ________

677 – 51 = ________

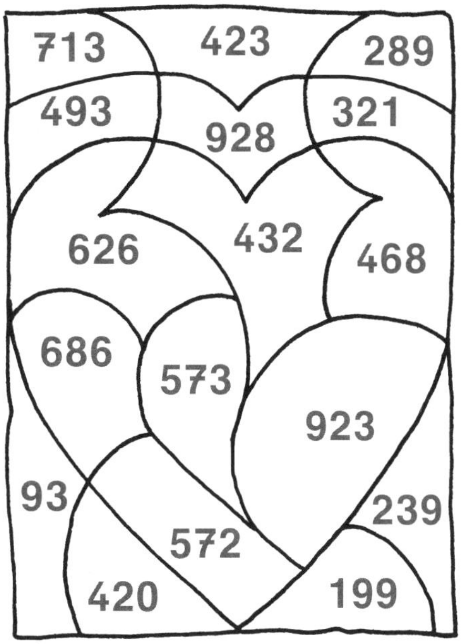

●● Die Sonnenschule hat 356 Schüler. Die Klasse 3a mit 24 Schülern ist heute beim Wandern. Alle anderen Schüler haben Unterricht.

F: ______________________________

R: ______________________________

A: ______________________________

Meine Gesamtpunktzahl beträgt:

Schriftliches Addieren

● Rechne aus. Male die Fähnchen mit den richtigen Ergebnissen bunt an.

406 + 302 _____	786 + 112 _____	324 + 451 _____
341 + 245 _____	567 + 193 _____	234 + 359 _____
234 + 566 _____	20 + 899 _____	255 + 478 _____

708 579 898 586 760 593 569

800 733 900 919 798 733 775

Meine Gesamtpunktzahl beträgt:

Schriftliches Subtrahieren

● Für die Schulfeier wird die Turnhalle mit 217 Luftballons geschmückt. Während der Feier zerplatzen 65 der Luftballons.

F: ______________________________

R: ______________________________

A: ______________________________

3

●● Rechne aus und male jeweils die Ballons mit der richtigen Lösung bunt an.

567	789	436
– 256	– 222	– 269
____	____	____
999	345	879
– 833	– 255	– 799
____	____	____

6

25 Meine Gesamtpunktzahl beträgt:

Einmaleins mit 7 und 9

Welche Zahlen müssen auf den freien Feldern stehen? Trage sie ein.

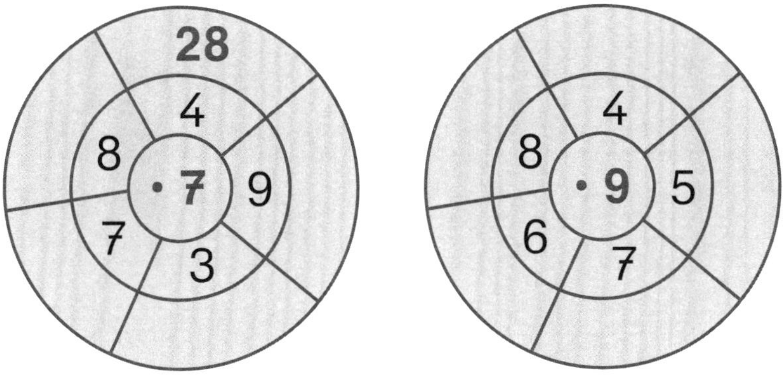

Verbinde die Zahlen der 7er-Reihe rot und die Zahlen der 9er-Reihe blau. Fange bei 7 und bei 9 an. Was siehst du dann?

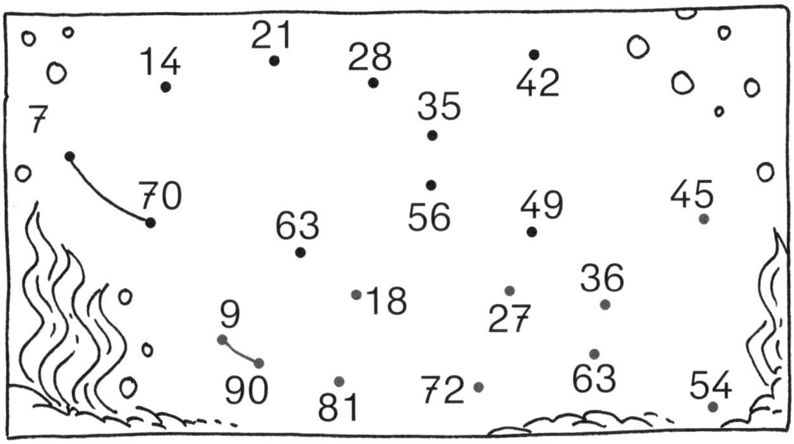

Meine Gesamtpunktzahl beträgt:

Wiederholung des kleinen Einmaleins

● Trage die passenden Ergebnisse ein.

·	3	4	5	8	7	6
3						
4						
5						
6						
8						

●● Rechne aus. Umkreise den Waggon mit dem höchsten Ergebnis.

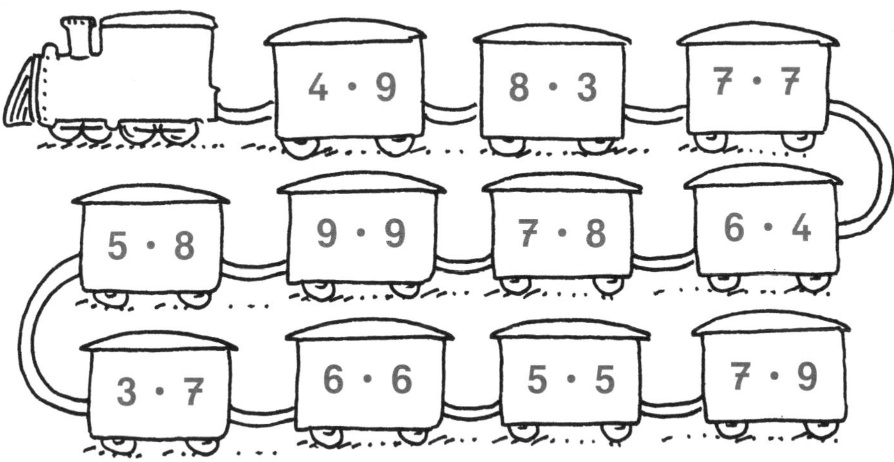

Meine Gesamtpunktzahl beträgt:

Halbschriftliches Multiplizieren

● Rechne aus wie im Beispiel.

3 • 18 = 54	4 • 75 =	2 • 86 =
3 · 10 = 30		
+ 3 · 8 = 24		
3 · 18 = 54		

5 • 33 =	7 • 49 =	9 • 16 =

5

●● Die Klassen 3 und 4 der Sonnenschule machen einen Ausflug. Pro Kind kostet der Ausflug 6 €. In der Klasse 3 sind 19 Schüler. Die Klasse 4 hat 26 Schüler.

F: ______

R: ______

A: ______

3

Meine Gesamtpunktzahl beträgt:

Dividieren bis 100

Rechne die 3 Rechenhäuser aus.

: 5	
15	____
45	____
50	____
30	____

: 7	
49	____
42	____
14	____
21	____

: 9	
18	____
81	____
45	____
54	____

6

Rechne aus. Schreibe dann den passenden Buchstaben aus dem Ballon hinter die Lösung. Was liest du von oben nach unten?

20 : 5 =	4	A	18 : 3 =	____	☐
12 : 2 =	____	☐	30 : 10 =	____	☐
60 : 10 =	____	☐	8 : 4 =	____	☐
12 : 4 =	____	☐	35 : 5 =	____	☐
45 : 5 =	____	☐	24 : 3 =	____	☐
			20 : 4 =	____	☐

4

Meine Gesamtpunktzahl beträgt:

Halbschriftliches Dividieren

1 Wie viele Äpfel kommen in jede Kiste?
Rechne halbschriftlich wie im Beispiel.

64 : 4 = 16	69 : 3 = ___	72 : 4 = ___
40 : 4 = 10	60 : 3 = ___	60 : 4 = ___
+ 24 : 4 = 6	+ 9 : 3 = ___	+ 12 : 4 = ___
64 : 4 = 16		

85 : 5 = ___	125 : 5 = ___	182 : 7 = ___
80 : 5 = ___	100 : 5 = ___	140 : 7 = ___
+ 5 : 5 = ___	+ 25 : 5 = ___	+ 42 : 7 = ___

5

2 Welche Aufgabe passt zum Ergebnis?

15	**25**	**13**
105 : 7	96 : 4	112 : 8
91 : 7	75 : 3	117 : 9

3

Meine Gesamtpunktzahl beträgt:

Einmaleins der Zehnerzahlen

Schaffst du es, bis ans Ziel zu kommen?

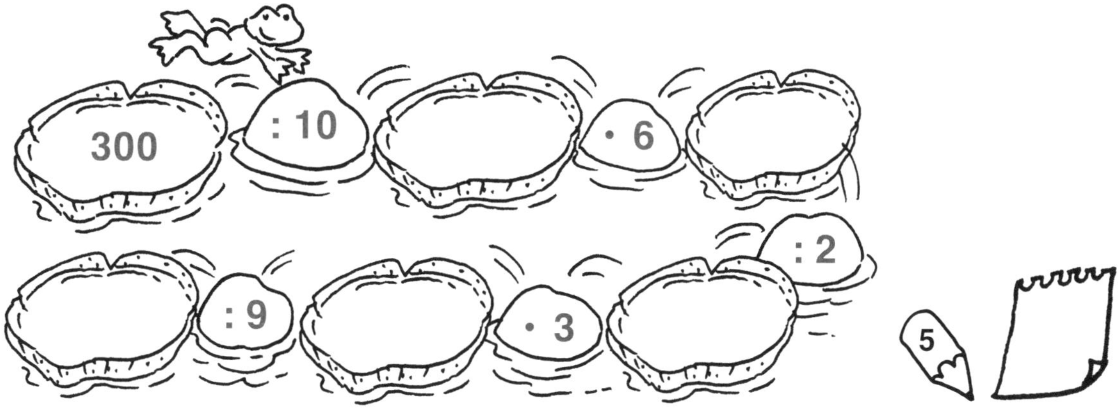

Rechne aus. Suche die Ergebnisse im Bild und male sie rot an.

9 · 70 = ________

4 · 30 = ________

2 · 80 = ________

9 · 90 = ________

8 · 10 = ________

6 · 40 = ________

9 · 50 = ________

5 · 60 = ________

4 · 90 = ________

6 · 10 = ________

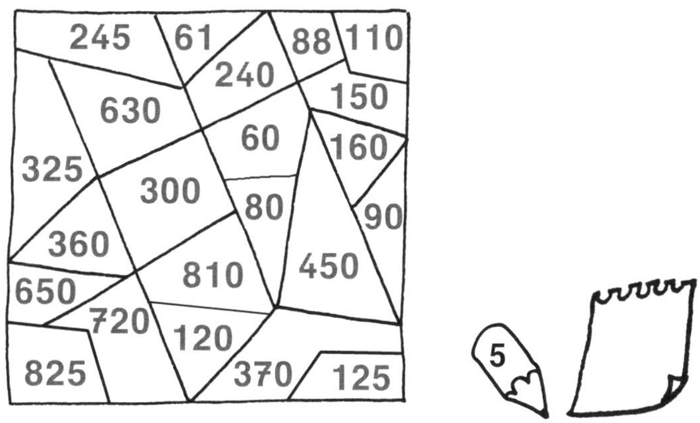

Meine Gesamtpunktzahl beträgt:

Für Rechenprofis

● Setze die oben angegebenen Zahlen unten so ein, dass senkrecht und waagrecht die Ergebnisse stimmen.

5	4	5
4	2	3
2	2	2

12	5	7
5	4	11
4	2	3

5 ·	**3** ·	**2**	= 30
·	·		= 16
·	·		= 40
20	24	40	

·	·		= 84
11 ·	·	**2**	= 110
·	·		= 240
308	240	30	

●● Setze die richtigen Rechenzeichen ein.

24 ☐ 8 ☐ 3 = 6

37 ☐ 14 ☐ 9 = 42

72 ☐ 8 ☐ 10 = 19

4 ☐ 3 ☐ 12 ☐ 13 = 6

Meine Gesamtpunktzahl beträgt:

Rechnen mit Geld

• Schreibe als Kommazahl. Umkreise den größten Betrag (€ = Euro, ct = Cent).

30 ct	________	950 ct	________
460 ct	________	2 € 2 ct	________
7 € 40 ct	________	4 € 8 ct	________

6

•• Beim Schulfest kauft Lara ein Stück Kuchen für 1,20 € und 2 Flaschen Limonade zu je 80 ct.

a) Wie viel kostet alles zusammen?

____

____

b) Sie zahlt mit einem 10-Euro-Schein.
Wie viel bekommt Lara zurück?

____

____

4

Meine Gesamtpunktzahl beträgt:

Rechnen mit Längen

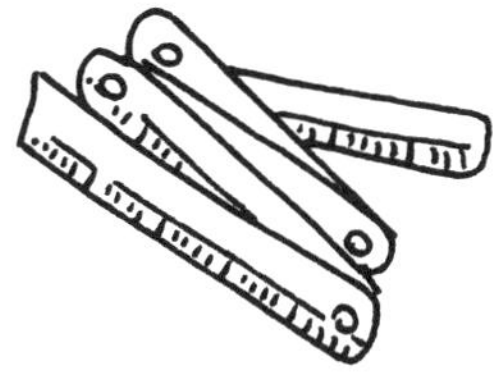

• Schreibe auf 3 Arten.

Beispiel: 5 m 20 cm = 5,20 m = 520 cm

6 m 12 cm = ____________ = ____________

____________ = 3,40 m = ____________

____________ = ____________ = 175 cm

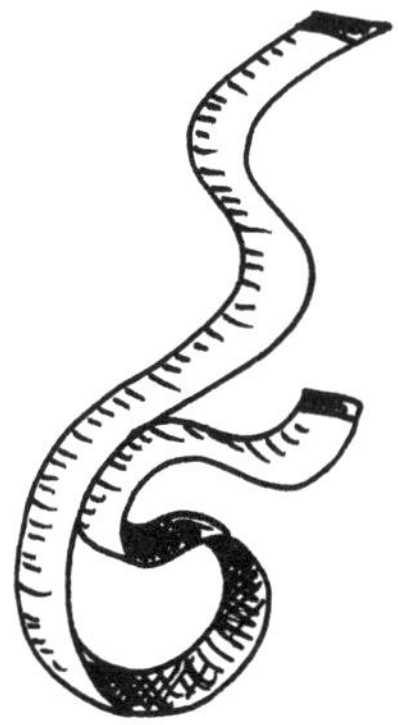

•• Wie viele cm sind es?

19 mm = ________________ cm

3 dm = ________________ cm

1 m = ________________ cm

••• Klaus hat einen Garten, der 8 m lang und 5 m breit ist. Er will einen Zaun darum bauen.

F: ______________________________

R: ______________________________

A: ______________________________

Meine Gesamtpunktzahl beträgt:

Rechnen mit Zeitangaben

● Rechne die Zeitangaben um.

3 h 45 min = ______ min   9 min 12 s = ______ s

7 h 12 min = ______ min   7 min 45 s = ______ s

340 min = ______ h ______ min

620 s = ______ min ______ s

●● Berechne die Fahrtzeit der Züge.

	Uhr	Uhr	Uhr	Uhr
Abfahrt	14.15	21.45	7.12	2.02
Dauer				
Ankunft	15.45	22.03	8.10	2.42

●●● Klaus fährt mit dem Zug um 9.20 Uhr los.
Er kommt um 10.32 Uhr mit 13 min Verspätung an. Wann hätte der Zug ankommen müssen?

____

____

Meine Gesamtpunktzahl beträgt:

Achsensymmetrie

Welche dieser Gegenstände haben eine Symmetrieachse? Zeichne sie ein.

3

Zeichne die rechte Hälfte des Schiffs ein.
Achte dabei genau auf die Achsensymmetrie.

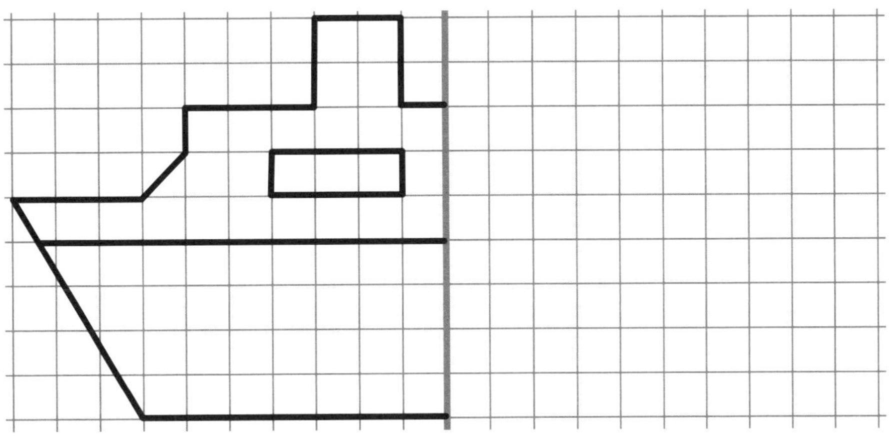

3

Meine Gesamtpunktzahl beträgt:

Körper

• Verbinde jedes Wort mit dem richtigen Körper.

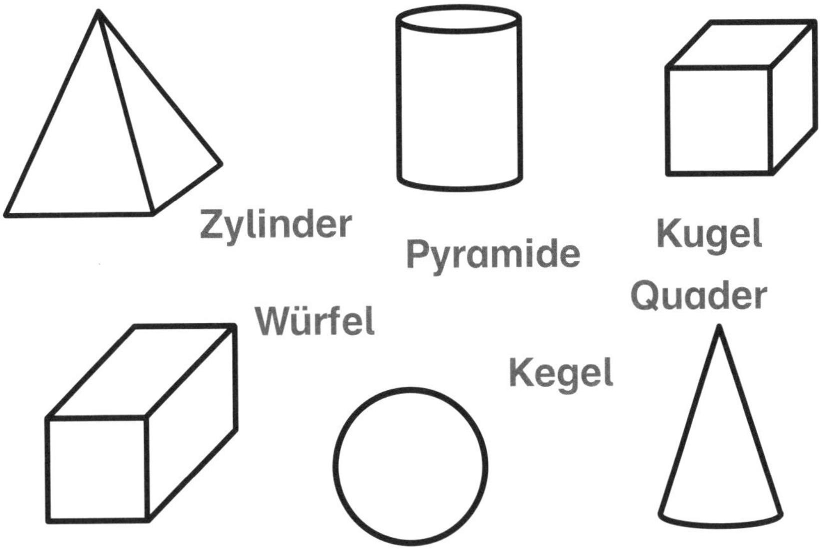

•• Welche Gegenstände bei dir zu Hause haben die Form eines Quaders? Schreibe 6 Dinge auf.

____

____

••• Welche Gegenstände bei dir zu Hause haben die Form eines Zylinders? Schreibe 6 Dinge auf.

____

____

Meine Gesamtpunktzahl beträgt: 

Flächen

1 Verbinde richtig.

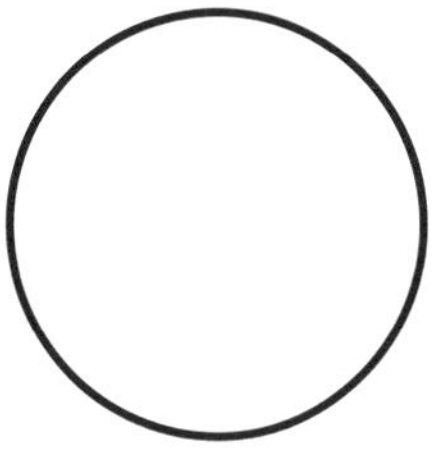

Quadrat

Dreieck

Kreis

Rechteck

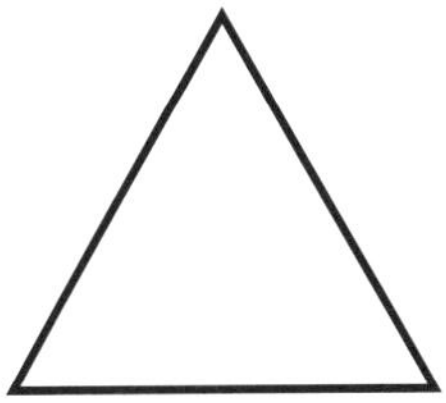

2 Erfinde eine Figur, in der alle Flächen von Aufgabe 1 vorkommen.

3 Aus welchen Flächen bestehen die Körper? Trage die passende Anzahl ein. *Tipp:* Beim Quader gibt es mehrere Möglichkeiten.

Körper	●	▲	■	▬
Würfel				
Quader				
Zylinder				
Kugel				

Meine Gesamtpunktzahl beträgt:

Geometrie im Alltag

Welche Dinge haben die Form von geometrischen Körpern? Hilf beim Aufräumen und verbinde die Dinge mit der richtigen Kiste.

Quader **Kugel** **Kegel**

Würfel **Pyramide**

8

URKUNDE

____

(Trage hier deinen Namen ein.)

hat alle Deutsch- und Mathematikaufgaben bearbeitet und

von 341 Punkten

_____ Punkte erreicht.

Datum: ____________________

____

Buchstabenspiele

Finde zu jedem Buchstaben einen Zungenbrecher.

ieben satte Seebären sehen Salamander.

ausend

Kannst du Schlangenwörter bilden?

Apfel
Apfelkuchen
Apfelkuchenrezept
Apfelkuchenrezeptbuch

Blumen

Zahlenraum bis 100

Umkreise die folgenden Zahlen auf der Hundertertafel:

14, 62, 33, 94, 50, 58, 61, 66, 73, 79, 80, 83, 93, 96

1	2	3	4	5	6	7	8	9	10
11	12	13	14	15	16	17	18	19	20
21	22	23	24	25	26	27	28	28	30
31	32	33	34	35	36	37	38	39	40
41	42	43	44	45	46	47	48	49	50
51	52	53	54	55	56	57	58	59	60
61	62	63	64	65	66	67	68	69	70
71	72	73	74	75	76	77	78	79	80
81	82	83	84	85	86	87	88	89	90
91	92	93	94	95	96	97	98	99	100

Ordne die Zahlen der Größe nach.

Beginne mit der kleinsten Zahl.

61 37 99 100 84 26

---

47 68 12 36 41 25 87 31

---

84 87 80 86 89 83 88 28 68 48 78

Namenwörter

● Schreibe die Namenwörter mit Begleiter auf.
Tipp: Namenwörter werden großgeschrieben.

	Einzahl	Mehrzahl
Es ist rosa.	*das Schwein*	*die Schweine*
Sie gibt Milch.		
Er bewacht den Hof.		
Es legt Eier.		
Sie jagt Mäuse.		

●● Schreibe die richtigen Tiernamen mit Begleiter auf.

Zahlenraum bis 1000

Trage die Zahlen ein.

112 E:

H	Z	E

82 E:

H	Z	E

110 E:

H	Z	E

73 E:

H	Z	E

Verbinde gleiche Zahlen miteinander.

■ = 100 I = 10 ● = 1

■■■■ IIIIIIII ●●●●●	960
■■ IIII ●●●	485
■■■■■■■■■ IIIIII	322
■■■■■■■ IIIIIIIII ●●●●	243
■■■■■■ I ●●●●●●●●●	548
■■■ II ●●	831
■■■■■ IIII ●●●●●●●●	794
■■■■■■■■ III ●	619
■■■ ●	415
■■■■ I ●●●●●	301

Tunwörter

Welche Tunwörter gehören zu den Sätzen:
tauchen, brüllen, galoppieren, fliegen?

1. Das Pferd kann ______________________________.
2. Der Vogel kann in die Ferne ____________________.
3. Der Fisch kann in die Tiefe _____________________.
4. Der Löwe kann laut ___________________________.

Tipp: Tunwörter sagen aus, was jemand tut.
Tunwörter werden kleingeschrieben.

Welche Tunwörter drücken etwas Ähnliches aus?
Schreibe sie als Paare auf, Beispiel: laufen – rennen.

fliegen, erwidern, gewinnen, denken, schmunzeln
schweben, lächeln, antworten, siegen, überlegen

____

____

____

Addition

Ein Supermarkt bekommt 364 Milchflaschen geliefert und hat noch 45 Flaschen vorrätig. Rechne aus, wie viele Flaschen es zusammen sind.

Frage: ____________________

Rechnung: ____________________

Antwort: Es sind zusammen ______ Flaschen.

Beim Transport sind Zahlen verloren gegangen. Ergänze sie.

______

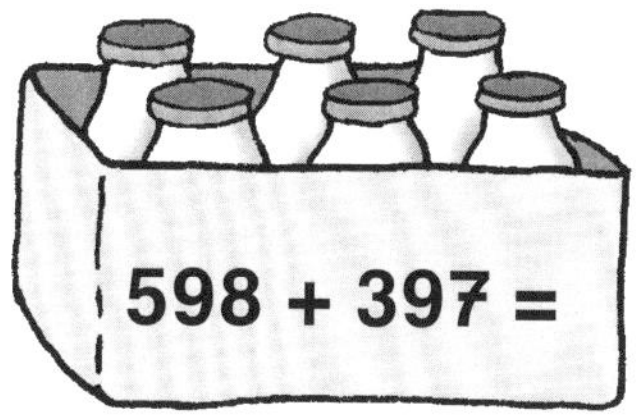

______

______

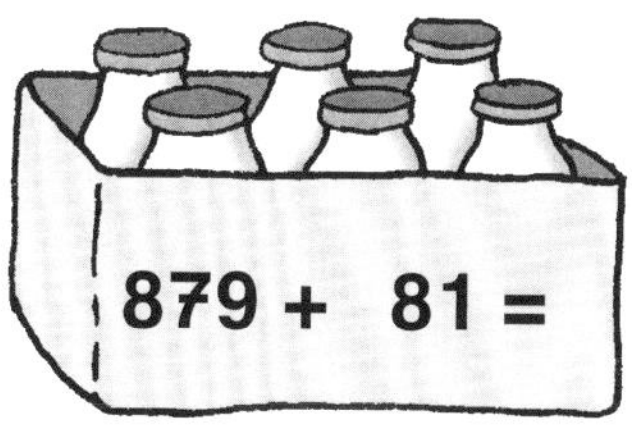

______

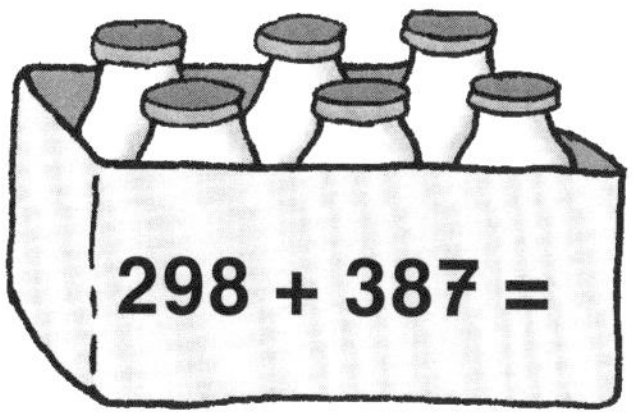

______

______

Wiewörter

Suche alle Felder mit Wiewörtern und male sie gelb an.

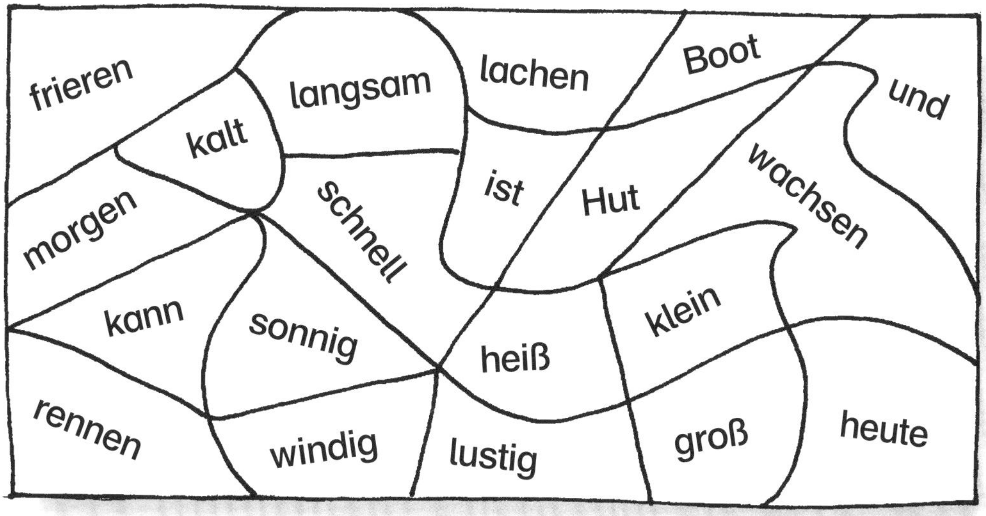

Tipp: Wiewörter sagen aus, wie etwas oder jemand ist. Wiewörter werden kleingeschrieben.

Schreibe das Gegenteil auf.

langsam – ______________________

stark – ______________________

klein – ______________________

ängstlich – ______________________

Textaufgaben mit Geld (ct/€)

a) Stefan hat 25 € zum Geburtstag bekommen.
Die Oma hat noch 45 € in einem Päckchen geschickt.
Rechne aus, wie viel Geld er insgesamt bekommen hat.

Frage: ____

____

Rechnung: ____

Antwort: ____

Tipp: 1 € (Euro) = 100 ct (Cent)

b) Auf Stefans Konto waren schon 110 €.
Wie viel Geld hat er jetzt, wenn er das Geburtstagsgeld auch eingezahlt hat?

Frage: ____

____

Rechnung: ____

Antwort: ____

Groß- und Kleinschreibung

Werden die Wörter groß- oder kleingeschrieben? Trage sie in die richtigen Felder der Tabelle ein: BAUM, LUSTIG, BLATT, SPRINGEN, FROH, SEIL, STEIGEN, LAUFEN, SINGEN, ROT, MALEN.

Namenwort	Tunwort	Wiewort
___	___	___
___	___	___
___	___	___
___	___	___
___	___	___

Groß oder klein? Setze die Buchstaben richtig ein.

J/j: _agen – _agd S/s: _chlag – _chlagen

T/t: _raum – _räumen E/e: _sstisch – _ssbar

Subtraktion

Hier fehlen die Ergebnisse. Trage sie ein. Rechne die Umkehraufgabe, um dein Ergebnis zu überprüfen.

Beispiel: 759 – 567 = 192

192 + 567 = 759

816 – 314 = ____________

598 – 239 = ____________

423 – 282 = ____________

441 – 317 = ____________

753 – 504 = ____________

901 – 650 = ____________

Jan denkt sich eine Zahl aus. Wenn er zu dieser Zahl 474 dazuzählt, erhält er 747. Wie heißt die Zahl?

Frage: ______________________________

Rechnung: ______________________________

Antwort: ______________________________

Wörter mit ck

Setze die Buchstaben zu Wörtern zusammen.
Tipp: Vor ck steht immer ein kurz gesprochener Selbstlaut.

____

Schreibe zu jedem Wort ein Reimwort auf.

Lücke – ____________________

necken – ____________________

Dreck – ____________________

Fackel – ____________________

Einmaleins mit 5 und 10

Maxi Maus springt über Kästen. Weißt du, wie oft?
Trage jeweils die richtige Zahl ein.

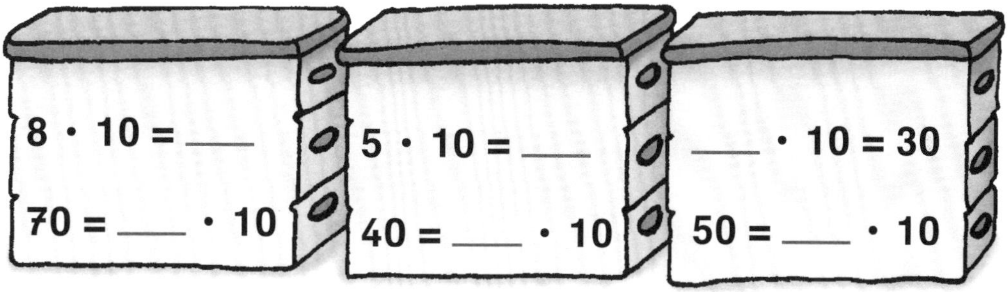

Male alle Zahlen aus der 5er-Reihe braun an.
Was siehst du dann?

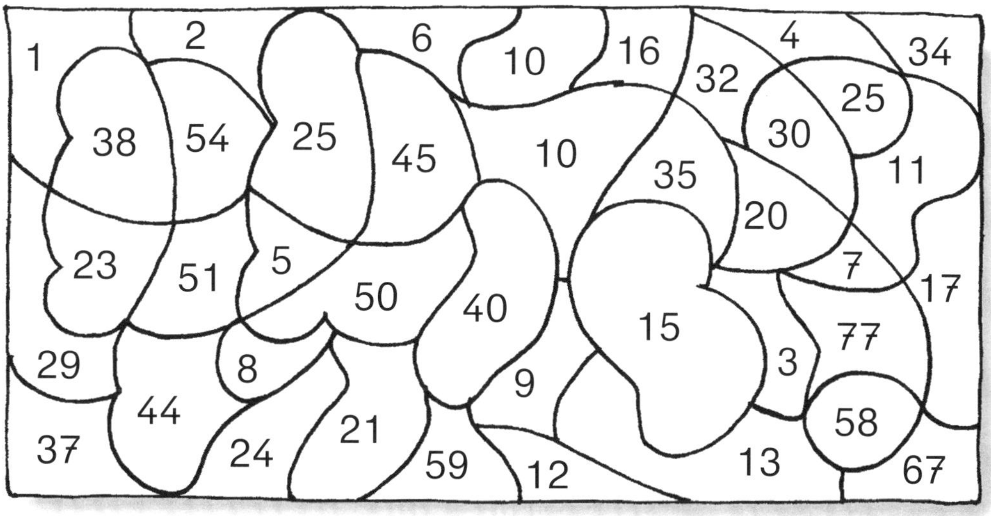

Wörter mit tz

Setze die Wörter auf den Booten zusammen.
Tipp: Vor tz steht immer ein kurzer Selbstlaut.

Ergänze die Wörter und verbinde die Reimpaare.

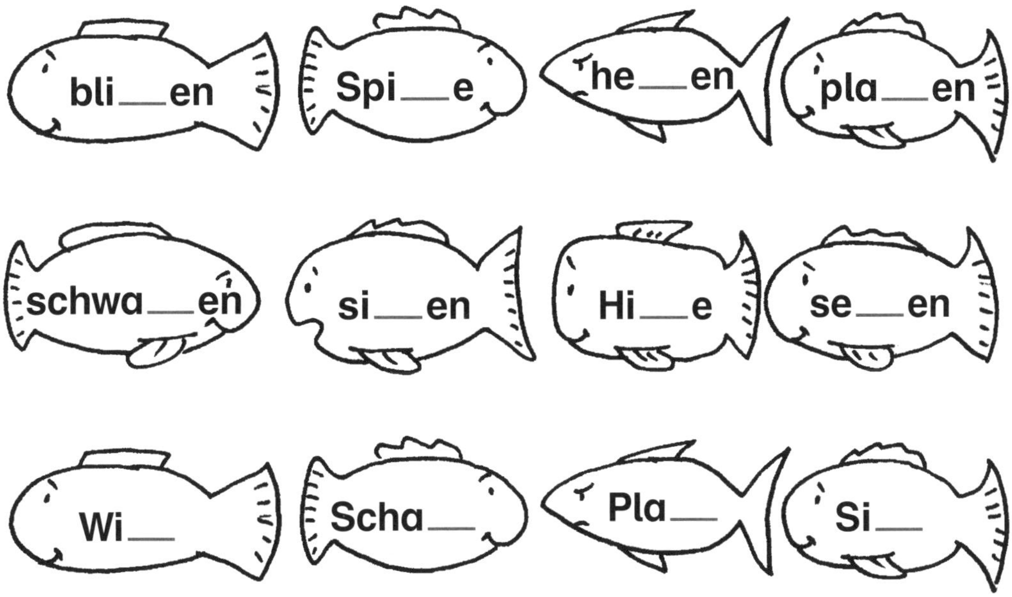

Eimaleins mit 2, 4, 8

Wie viele Strümpfe von Tina, Stefan und Anja sind in der Wäsche? Rechne aus! Achte auf die Farben.

Tina: 3 · 2 = ________

Stefan: ________

Anja: ________

Trägst du die Ergebnisse ein?

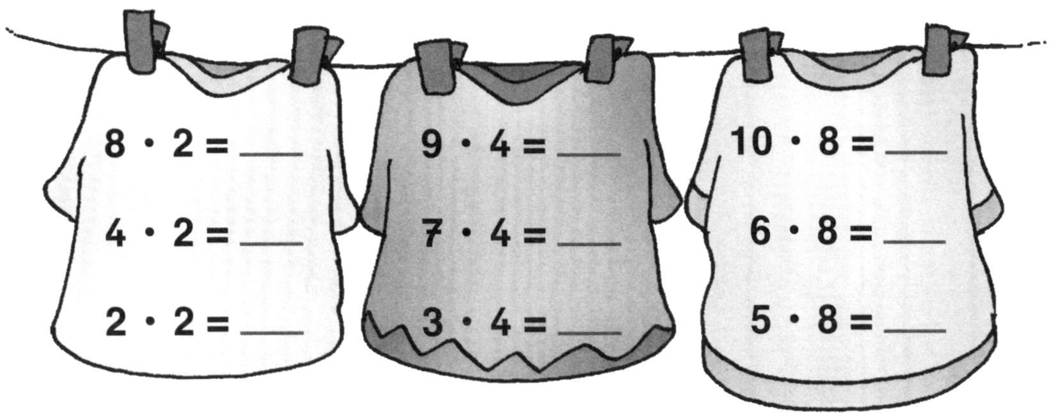

Umkreise das niedrigste Ergebnis blau und das höchste Ergebnis rot.

Wörter mit ie

Überlege: i oder ie? Schreibe die Wörter auf.
Tipp: Das ie wird lang gesprochen, z. B. Dieb.

  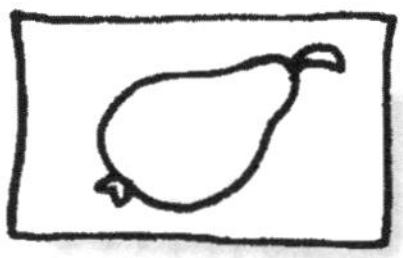 

Setze die Tunwörter in die Vergangenheitsform.

Tom ____________ (spielen) auf der Wiese.

Er ____________ (steigen) auf einen hohen

Apfelbaum und ____________ (lassen) seine Füße

baumeln. Seine Mutter ____________ (rufen)

nach ihm. Schnell ____________ (laufen) er ins

Haus zu seiner Mutter.

Einmaleins mit 3 und 6

Maxi schreibt mit Sahne das Alter auf die Geburtstagstorten. Rechne aus und schreibe die Lösungen auf.

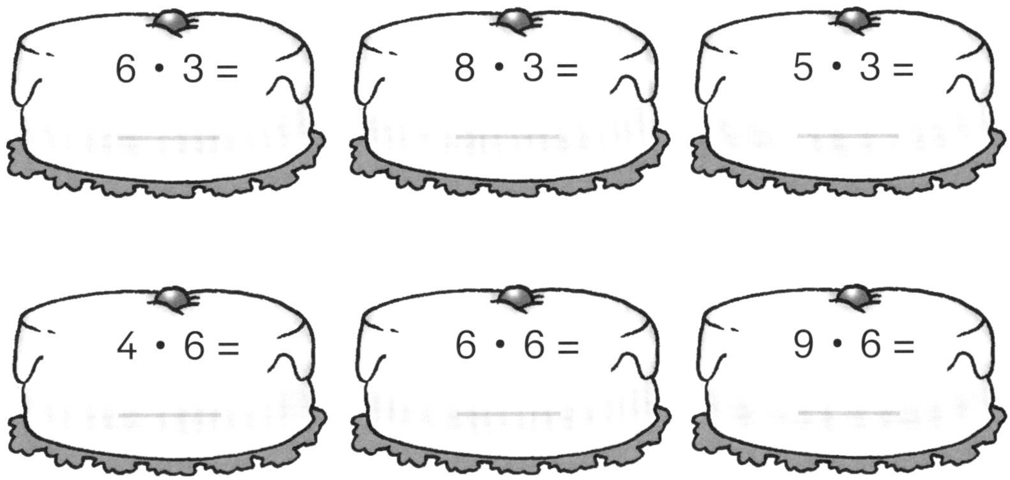

Trägst du die fehlenden Zahlen ein?

Doppelte Selbstlaute

Bilde mit diesen Buchstaben neun Wörter. In jedem Wort steckt entweder aa, ee oder oo. Du kannst jeden Buchstaben mehrmals verwenden.

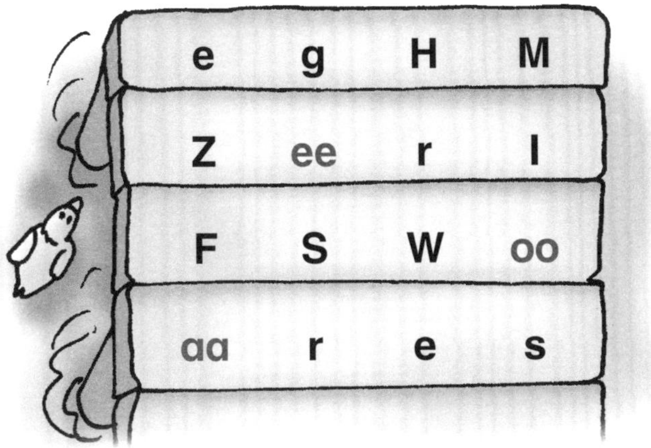

Fee ______

______

______

______

______

Kannst du die Buchstaben in den Fischen richtig zusammensetzen? Schreibe die Wörter auf.

______

Einmaleins mit 9

Umkreise die Zahlen aus der 9er-Reihe.

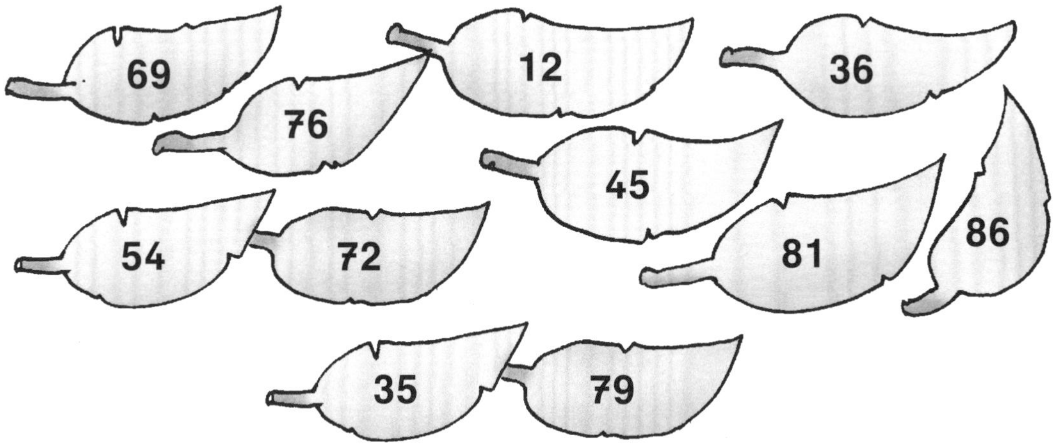

Findest du die Pfeife? Die Aufgaben mit einem Ergebnis unter 65 bringen dich zur Pfeife.

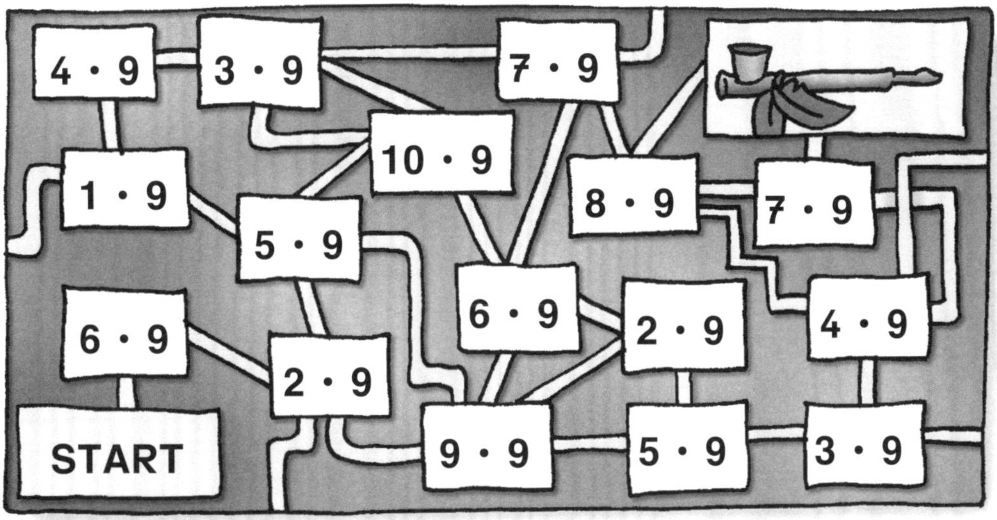

Wörter mit h

Setze die Wörter zusammen und schreibe sie auf.
Tipp: Wird ein Selbstlaut lang gesprochen, folgt meist ein h.

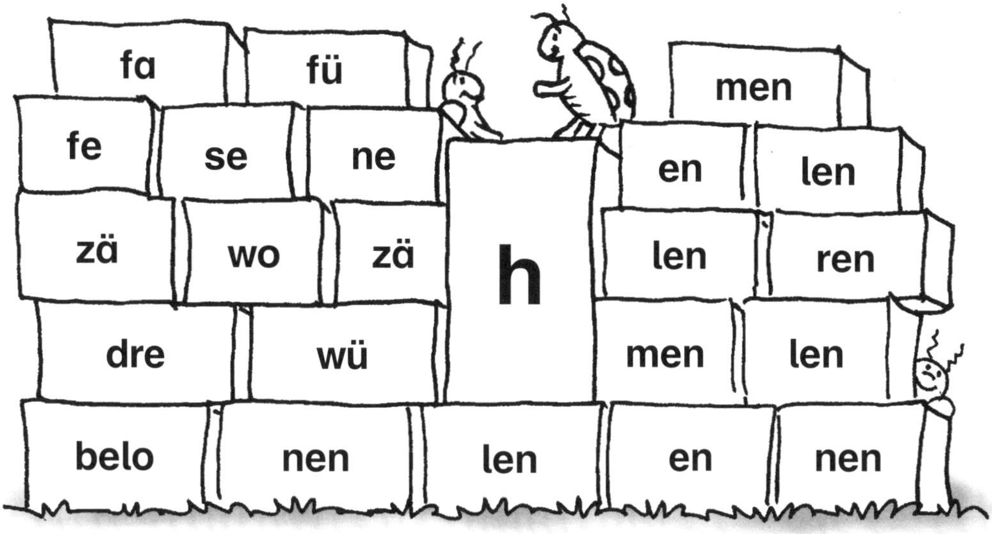

Löse das Rätsel.

An den Füßen trägst du …
Mit den Augen kannst du …
Er arbeitet in der Schule:

Einmaleins mit 7

Rechne die Aufgaben aus und verbinde im Bild die Ergebniszahlen der Größe nach. Was siehst du dann?

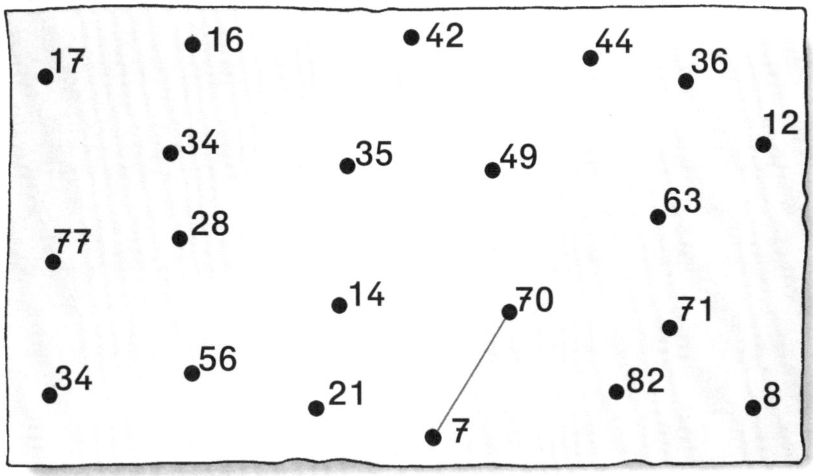

2 • 7 = _____ 9 • 7 = _____ 7 • 7 = _____

6 • 7 = _____ 5 • 7 = _____ 1 • 7 = _____

4 • 7 = _____ 10 • 7 = _____

Verbinde jeden Luftballon mit dem richtigen Ergebnis!

Wiewörter auf -ig und -lich

Trage die Endung -ig oder -lich ein. Schneide die Teile aus und klebe sie auf das passende Käsestück. Schreibe die Wörter auf die Zettel.

glück_____

herr_____

zick_____

fleck_____

schreck_____

zack_____

eck_____

dick_____

häss_____

lock_____

Gemischtes Einmaleins

Wie viele Beine haben die Tiere?

7  : 7 · 2 = 14

3  : ______________

5  : ______________

9  : ______________

5  : ______________

Fülle das Einmaleins-Gitter aus, dann hast du alle Einmaleinsaufgaben wiederholt.

·	1	2	3	4	5	6	7	8	9	10
1										
2										
3										
4										
5										
6										
7										
8										
9										
10										

Wörter mit ss

Setze die Wörter in die richtige Form. Schreibe sie auf:
fressen, küssen, müssen, essen, entlassen, wissen.
Tipp: Den Vokal vor ss spricht man immer kurz.

1. Eine schlaue Frau muss viel ____________________.
2. Die Kinder ____________________ aufräumen.
3. Im Restaurant ____________________ der Gast.
4. Die Mutter ____________________ ihr Baby.
5. Der Häftling wird ____________________.
6. Die Kuh ____________________ Gras.

Suche die zehn Wörter mit ss und schreibe sie auf.

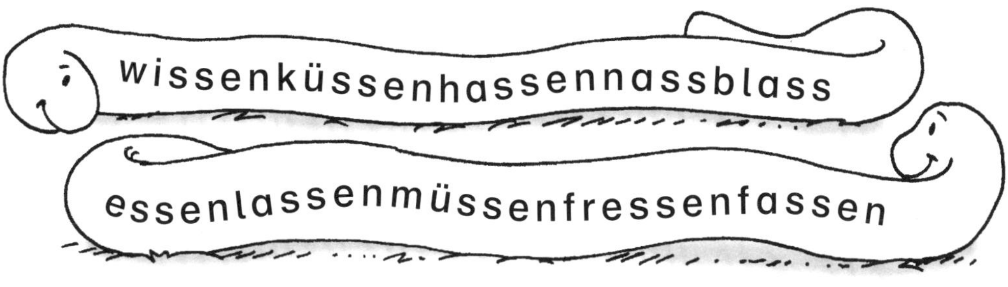

____

____

Einmaleins mit Zehnerzahlen

Verbinde die Geteiltaufgaben mit den dazu passenden Malaufgaben. *Tipp:* Lass beim Rechnen die Nullen weg und hänge sie am Ergebnis wieder an.

280 : 4 =

, denn ____ • 50 = 450

450 : 50 =

, denn 4 • 70 = ____

210 : 7 =

, denn 7 • ____ = 210

80 : 20 =

, denn 6 • ____ = 300

300 : 6 =

, denn ____ • 80 = 160

160 : 80 =

, denn 4 • 20 = ____

Rechne die Aufgaben aus.

350 : 70 = ____________ 280 : 40 = ____________

240 : 60 = ____________ 640 : 80 = ____________

Wörter mit ß

Bilde Wörter mit ß und schreibe sie auf.
Tipp: Vor ß steht immer ein langer Selbstlaut.

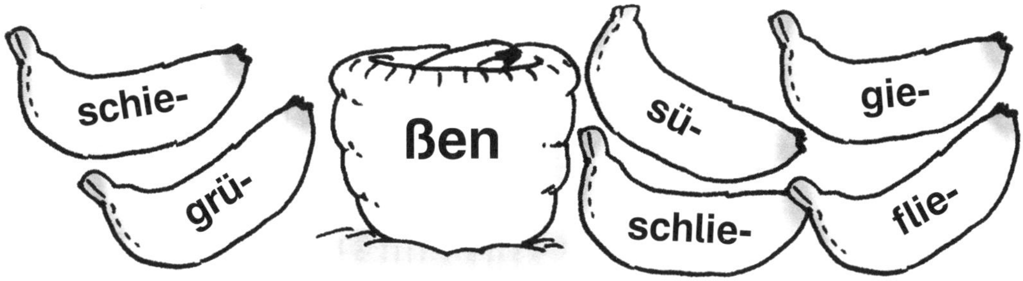

____

____

Suche Reimwörter und schreibe sie auf.

bloß – St______________

heiß – w______________

gießen – fl______________

Füße – Gr______________

Spaß – Fr______________

Schoß – gr______________

Textaufgaben (h/min)

Gib die Zeitangaben in min an.

$\frac{3}{4}$ Stunde = ______	1 Stunde = ______
$\frac{1}{4}$ Stunde = ______	$\frac{1}{2}$ Stunde = ______
2 h = ______	3 h 20 min = ______
4 h = ______	$2\frac{1}{4}$ h = ______
6 h 10 min = ______	8 h 50 min = ______

Tipp: 1 h (Stunde) = 60 min (Minuten)

Es ist 15.15 Uhr. Jan und seine Freunde sind seit 10.30 Uhr im Freibad.
Wie lange sind sie schon dort?

Frage: ______

Rechnung: ______

______

Antwort: ______

Wörter mit d/t

Überlege: d oder t? Setze ein.

Tipp: Du weißt, ob man d oder t schreibt, wenn du die Wörter verlängerst (z. B. Mehrzahl bei Namenwörtern).

Setze die Buchstaben ein. Bilde die Mehrzahl und schreibe die Wörter mit Artikel auf die Linien.

das Lan___ – die Länder

die Han___ – ___

das Ra___ – ___

das Kin___ – ___

das Boo___ – ___

der Hu___ – ___

Halbschriftliche Multiplikation

Hier fehlen die Ergebnisse. Rechne die Aufgaben aus und trage die Lösungen ein.

38 · 3 = ____________

94 · 5 = ____________

61 · 7 = ____________

75 · 9 = ____________

45 · 8 = ____________

15 · 4 = ____________

37 · 4 = ____________

66 · 6 = ____________

59 · 2 = ____________

17 · 6 = ____________

Wörter mit g/k

Ergänze die fehlenden Buchstaben. Bilde die Mehrzahl der Wörter, dann hörst du, ob sie mit g oder k enden.

der Sieg – die Siege

der Flu__ – ______

der Ste__ – ______

der Kieswe__ – ______

der Misserfol__ – ______

das Gelen__ – ______

Ergänze g oder k. Male die Wörter an, die auf g enden.

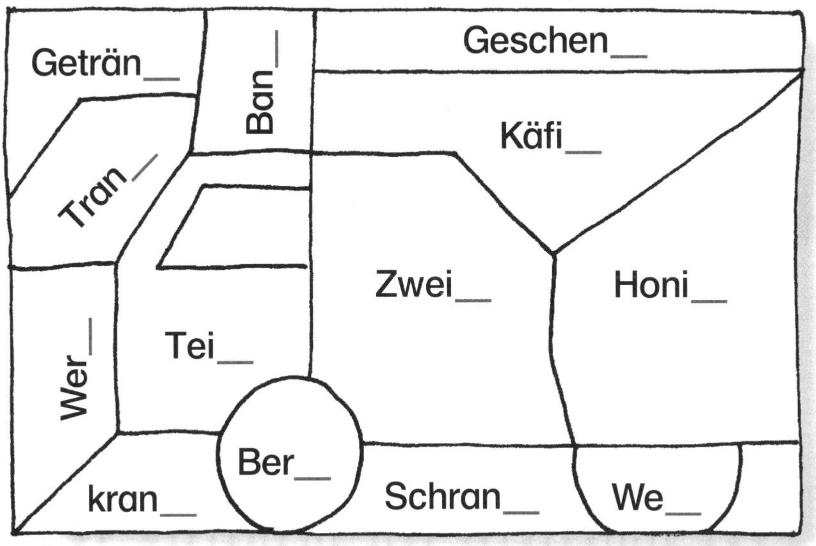

Textaufgaben (m/cm)

• Von einer Tapetenrolle mit 8 m Länge schneiden Stefan 2,30 m und Tina 2,70 m ab.
Der Vater braucht 2,50 m.
Rechne aus, wie viel von der Rolle übrig bleibt.

Frage: ____________________

Rechnung: ____________________

Antwort: ____________________

Tipp: 1 m (Meter) = 1000 mm
1 m (Meter) = 100 cm

•• Die Breite der Tapetenbahn beträgt 50 cm.
Wie lang ist die Wand, wenn der Vater 8 Bahnen nebeneinander klebt? Rechne in Metern.

Frage: ____________________

Rechnung: ____________________

Antwort: ____________________

Geheimschriften

Lies den Text und mache nach jedem Wort einen Strich.

LIEBERMARCOVIELENDANKFÜRDEINENBRIEFICH
HABEMICHSEHRGEFREUTHASTDUMITDEINER
ANGELDENNNOCHMEHRFISCHEGEFANGENICH
HABEESAUCHEINMALVERSUCHTABERBEIMIR
WOLLTEKEINFISCHANBEISSENDAFÜRLERNEICH
GERADERADFAHRENMEINFREUNDSTEFANWILL
ESMIRBEIBRINGENICHFALLESCHONNICHTMEHR
GANZSOOFTHINWIEZUBEGINNICHFREUEMICH
SCHONAUFANTWORTVONDIRSCHÖNEGRÜSSEJAN

Versuche diesen Text zu lesen. Was fällt dir auf?

E	F	E	H	S	W	H
I	L	I		A	A	E
N	O	N	N	H	R	I
	G	E	I			C
M		N	E	E	E	H
A	Ü		M	S	I	.
N	B	T	A		N	
N	E	E	N	E		
	R	I	D	S	S	
		C			C	

● Ergänze die fehlenden Zahlen, damit die Zahlenmauer wieder vollständig ist. *Tipp:* Die Aufgaben fallen dir leichter, wenn du auf ganze Zehner und Hunderter ergänzt.

	37		
38	25	12	
19	19	6	6

100			
52			
30		26	
	9	13	

564			
	100		
373	91		314

666			
323			
	154		
94		79	110

●● Rechne die Aufgaben in deinem Heft und trage die Ergebnisse ein.

380 + 620 = ______

390 + ______ = 850

______ + 390 = 970

______ + 280 = 950

540 + 190 = ______

390 + ______ = 610

Tunwörter

Zerschneide die Form entlang der Linien. Lege dann die passenden Teile aneinander, z. B. geben – er gibt. Welche neue Form erhältst du?

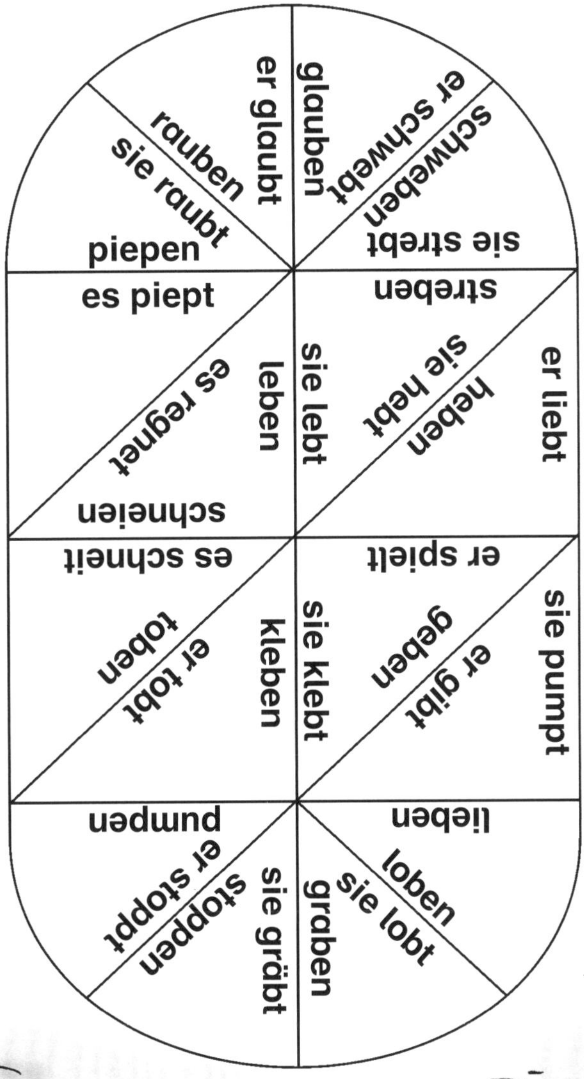

Gemischte Aufgaben

• Hier hat der Zauberer Zahlen weggezaubert.
Ergänze sie.

= ______

= ______

= ______

= ______

•• Trage die fehlenden Zahlen ein.

Lösungen

Seite 3

Lösungsmöglichkeit:
Paul fragt: „Gibst du mir bitte die Butter?"
Lisa antwortet: „Sie steht doch vor dir."
Jan meckert: „Die Suppe ist kalt."
Mutter schimpft: „Das nächste Mal kochst du!"
„Ich habe zu viel gegessen!", seufzt Vater.
„Und ich erst", meint Paul.
Für jeden Satz mit richtig gesetzten Satzzeichen und unterstrichener direkter Rede erhältst du 1 Punkt.
☺ 6 Punkte

Jan fragt: „Wie weit ist es noch bis zum Strand?" Da antwortet Max: „Noch 2 Kilometer." „Das hast du vor 3 Stunden auch schon gesagt!", schnauft Jan. Max entgegnet: „Meinst du, ich ändere so schnell meine Meinung?"
Für jeden Satz mit richtig eingefügten Satzzeichen erhältst du 1 Punkt.
☺ 4 Punkte
Gesamtpunktzahl: 10 Punkte

Seite 4

Tina schimpft: ..., Jan fragt: ...,
Tina murmelt: ..., Jan erklärt: ...
Für jedes richtig eingesetzte Wort erhältst du 1 Punkt.
☺ 4 Punkte

glücklich: jubeln, sich freuen, lachen
wütend: meckern, brüllen, fluchen
unglücklich: klagen, jammern, stöhnen
Für jede richtige Spalte erhältst du 1 Punkt.
☺ 3 Punkte
Gesamtpunktzahl: 7 Punkte

Seite 5

Lösungsmöglichkeit: dicker, karierte, verbeulten, sonderbaren, köstliche, bitteren, schönen, winzige
Für jedes richtig eingesetzte Wort erhältst du 1 Punkt.
☺ 8 Punkte
Gesamtpunktzahl: 8 Punkte

Seite 6

Lösungsmöglichkeit:
Seit Langem wohne ich in einer alten Burg. Dort habe ich ein schönes Leben. Nachts um 12 spuke ich im Schloss. Im Burggraben bade ich nachts am liebsten. Dort treffe ich meine Freundin, die Nixe Josi. Wenn der Mond aufgeht, muss ich in mein Turmzimmer zurück.
Für jeden umgestellten Satz erhältst du 1 Punkt.
☺ 5 Punkte
Gesamtpunktzahl: 5 Punkte

Seite 7

der Bienenhonig, das Riesenrad, die Wiesenblumen, der Taschendieb, der Spielwürfel, der Tiefseetaucher
Für jedes zusammengesetzte Wort erhältst du 1 Punkt.
☺ 6 Punkte

Für jedes Wort, das du aus Aufgabe 1 in deiner Geschichte verwendet hast, erhältst du 1 Punkt.
☺ 6 Punkte
Gesamtpunktzahl: 12 Punkte

Seite 8

vorgeben, vergeben, vortanzen, verkaufen, vermachen, vormachen, verleihen, vorsagen, versagen, verstehen, vorspielen, verspielen, verteilen, verlassen, vorzeigen, vorlesen, verlesen, verirren
Für jedes Wort erhältst du einen halben Punkt.
☺ 9 Punkte

Vater verkaufte unsere verkommene Villa.
Für jeden richtigen Trennungsstrich erhältst du einen halben Punkt. Für den richtig aufgeschriebenen Satz erhältst du 1 Punkt.
☺ 3 Punkte
Gesamtpunktzahl: 12 Punkte

Seite 9

der Korb – die Körbe,
das Rad – die Räder,
die Burg – die Burgen,
das Sieb – die Siebe
Für jedes richtige Wortpaar bekommst du 1 Punkt.
☺ 4 Punkte

Weg (Wege), Dieb (Diebe), wütend (wütender), trüb (trüber), Mond (Monde), Grab (Gräber), klug (klüger), grob (gröber), König (Könige), gesund (gesünder)
Für jedes richtige Wort erhältst du einen halben Punkt.
☺ 5 Punkte
Gesamtpunktzahl: 9 Punkte

Seite 10

Wörter mit ai: Mai, Kaiser, Mainz, Main, Mais, Hai
Für jedes Wort erhältst du einen halben Punkt.
☺ 3 Punkte

Lösungswörter: Aal, Zoo, Fee, Haar, Schnee, Boot, Klee, Moos
Für jedes Wort erhältst du 1 Punkt.
☺ 8 Punkte
Gesamtpunktzahl: 11 Punkte

Seite 11

Katze, Mütze, Blitz, sitzen, schwitzen
Für jedes richtige Wort bekommst du 1 Punkt.
☺ 5 Punkte

die Bank, die Schranke, lecken, winken, die Glocke, das Geschenk, stecken, das Laken, drücken, denken, der Rücken, die Zecke
Für jedes richtig ergänzte Wort bekommst du einen halben Punkt.
☺ 6 Punkte
Gesamtpunktzahl: 11 Punkte

Seite 12

Mutter – Butter, Tanne – Kanne, Nuss – Kuss, Fett – Bett, Ratte – Watte, wissen – Kissen,nass – Fass, Schluss – Fluss, trennen – rennen, Teller – Keller
Für jedes Reimpaar erhältst du einen halben Punkt.
☺ 5 Punkte

klettern, brennen, immer, Löffel
Für jedes richtige Wort erhältst du 1 Punkt.
☺ 4 Punkte
Gesamtpunktzahl: 9 Punkte

Seite 13

Für jede fehlerfrei gelesene Pyramide erhältst du 2 Punkte.
☺ 4 Punkte

Tina ist
ganz aufgeregt. Thomas
darf heute seinen großen
Hund Bello mit in die Schule
bringen. Im Unterricht sprechen die
Kinder nämlich über Haustiere und ihre
Pflege.

Für jedes richtig gesetzte Satzzeichen erhältst du 1 Punkt, für fehlerfreies Lesen 2 Punkte.
☺ 5 Punkte
Gesamtpunkzahl: 9 Punkte

Lösungen

Seite 14

Darf ich den Hund auch mal streicheln?
Zieh Bello nicht am Schwanz!
Bello trinkt viel Wasser.
Gib ihm keine Bonbons!
Ist Bello ein Schäferhund?
Für jedes richtige Satzzeichen erhältst du 1 Punkt.
☺ 5 Punkte

Von oben nach unten: 2, 1, 4, 3
Für jede richtige Nummer erhältst du 1 Punkt.
☺ 4 Punkte
Gesamtpunktzahl: 9 Punkte

Seite 15

Wenn du keine Fehler beim Lesen gemacht hast, erhältst du pro Durchgang 1 Punkt.
☺ 4 Punkte

Lotusblütentee lindert Luftwegleiden, liebste Lieselotte
Zehn zahme Ziegen ziehen zehn Zentner Zucker zum Zoo
Für fehlerfreies Lesen erhältst du jeweils 2 Punkte pro Satz.
☺ 4 Punkte
Gesamtpunktzahl: 8 Punkte

Seite 16

Hat dein Zuhörer richtig erkannt, welche Stimmung du jeweils ausdrückst? Dann erhältst du für jeden vorgetragenen Text 2 Punkte.
☺ 6 Punkte
Gesamtpunktzahl: 6 Punkte

Seite 17

Fürs Lesen erhältst du 2 Punkte, für das Nacherzählen 3 Punkte.
☺ 5 Punkte

Wenn du die 2 Linien mit einem Schlangenwort gefüllt hast, erhältst du 2 Punkte.
☺ 2 Punkte
Gesamtpunktzahl: 7 Punkte

Seite 18

Namenwörter: Zirkus, Stadt, Wagen, Straßen, Orchester, Musik, Clown, Fliege, Bällen, Reifen, Affen, Löwen
Tunwörter: kommt, ziehen, spielt, jongliert, springen, brüllen
Wiewörter: großer, lustige, bunten, großen, kleinen, starken
Für jedes richtig angestrichene und in die Tabelle eingetragene Wort erhältst du einen halben Punkt.
Gesamtpunktzahl: 12 Punkte

Seite 19

das Stuhlbein, der Sonnenschirm, der Fingerring, die Haustür
Für jedes Wort bekommst du 1 Punkt.
☺ 4 Punkte

Glück – glücklich, Geduld – geduldig
Durst – durstig, Angst – ängstlich
Hunger – hungrig, Kälte – kalt
Für jedes Wortpaar erhältst du 1 Punkt.
☺ 6 Punkte
Gesamtpunktzahl: 10 Punkte

Seite 20

Lösungsmöglichkeiten:
Jan und Tina sägen ein Loch in die Tür.
In die Tür sägen Jan und Tina ein Loch.
Ein Loch sägen Jan und Tina in die Tür.

Unter der Bettdecke verstecken sie Spinnen.
Sie verstecken Spinnen unter der Bettdecke.
Spinnen verstecken sie unter der Bettdecke.

Jan und Tina fischen eine Karotte aus dem Topf mit einer Angel.
Mit einer Angel fischen Jan und Tina aus dem Topf eine Karotte.
Aus dem Topf fischen Jan und Tina eine Karotte mit einer Angel.
Eine Karotte fischen Jan und Tina aus dem Topf mit einer Angel.
Für jeden Aussagesatz erhältst du 1 Punkt.
☺ 6 Punkte
Gesamtpunktzahl: 6 Punkte

Seite 21

Wem schenkt Lena ein Buch?
ihrer Mutter
Wo gehen wir morgen hin? in den Zoo
Was backt meine Schwester?
einen Kuchen
Für jede richtige Frage erhältst du 1 Punkt.
☺ 3 Punkte

Lösungsmöglichkeiten:
In der Schule klaut der Lehrer das Auto.
Auf der Bank küsst Astrid den Hut.
Unterm Bett bezahlt der Polizist den Pinsel.
Auf der Leiter sieht der Vogel das Auto.
Im Käfig bezahlt Oma die Blume.
Für jeden Satz erhältst du 1 Punkt.
☺ 6 Punkte
Gesamtpunktzahl: 9 Punkte

Seite 22

295 + 23 = 318, 345 + 39 = 384,
318 + 27 = 345, 283 + 12 = 295,
384 + 88 = 472, 472 + 92 = 564
Für jede richtige Lösung erhältst du 1 Punkt.
☺ 6 Punkte

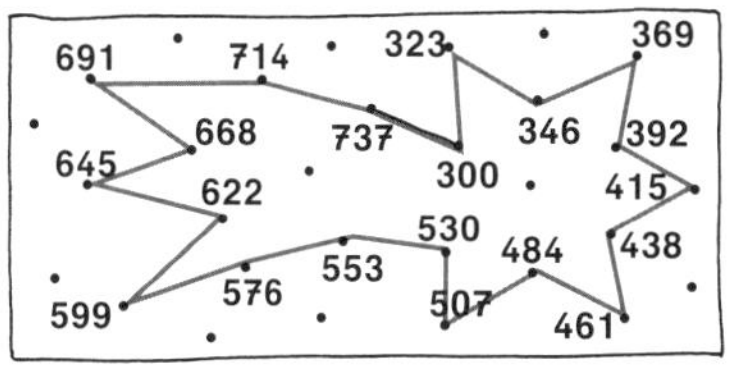

Für das richtige Lösungsbild (Sternschnuppe) erhältst du 4 Punkte.
☺ 4 Punkte
Gesamtpunktzahl: 10 Punkte

Seite 23

458 – 26 = 432	584 – 11 = 573
965 – 42 = 923	732 – 46 = 686
515 – 47 = 468	677 – 51 = 626
587 – 15 = 572	Lösungsbild: Herz

Für jede richtige Aufgabe erhältst du 1 Punkt.
☺ 7 Punkte

Frage: Wie viele Schüler haben Unterricht?
Rechnung: 356 – 24 = 332
Antwort: 332 Schüler haben Unterricht.

Für Frage, Rechnung und Antwort erhältst du je 1 Punkt.
☺ 3 Punkte
Gesamtpunktzahl: 10 Punkte

Seite 24

406 + 302 = **708**	786 + 112 = **898**	324 + 451 = **775**
341 + 245 = **586**	567 + 193 = **760**	234 + 359 = **593**
234 + 566 = **800**	20 + 899 = **919**	255 + 478 = **733**

Für jede richtige Lösung erhältst du 1 Punkt.
☺ 9 Punkte
Gesamtpunktzahl: 9 Punkte

Seite 25

● Frage: Wie viele Luftballons sind noch übrig?
Rechnung: 217 – 65 = 152
Antwort: Es sind noch 152 Luftballons übrig.
Für Frage, Rechnung, Antwort erhältst du je 1 Punkt.
☺ 3 Punkte

●●
567	789	436
– 256	– 222	– 269
311	**567**	**167**
999	345	879
– 833	– 255	– 799
166	**90**	**80**

Für jede richtige Lösung erhältst du 1 Punkt.
☺ 6 Punkte
Gesamtpunktzahl: 9 Punkte

Seite 26

● 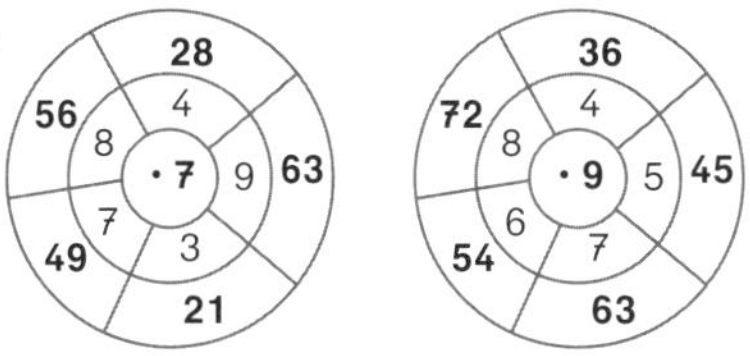

Für jedes richtige Ergebnis erhältst du je 1 Punkt.
☺ 9 Punkte

●● 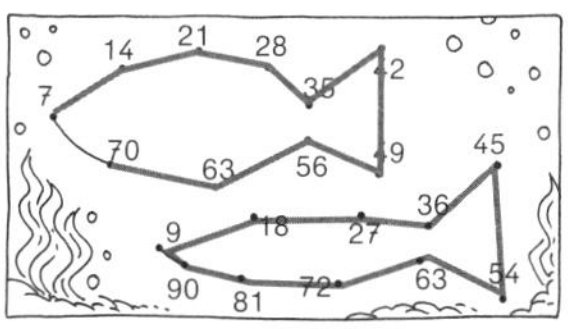

Wenn du alle Punkte richtig verbunden hast, erkennst du 2 Fische. Für jeden Fisch bekommst du 1 Punkt.
☺ 2 Punkte
Gesamtpunktzahl: 11 Punkte

Seite 27

●
•	3	4	5	8	7	6
3	9	12	15	24	21	18
4	12	16	20	32	28	24
5	15	20	25	40	35	30
6	18	24	30	48	42	36
8	24	32	40	64	56	48

Für jede richtig ausgefüllte Zeile erhältst du 1 Punkt.
☺ 5 Punkte

●● 4 • 9 = 36, 8 • 3 = 24, 7 • 7 = 49,
5 • 8 = 40, (9 • 9 = 81), 7 • 8 = 56,
6 • 4 = 24, 3 • 7 = 21, 6 • 6 = 36
5 • 5 = 25, 7 • 9 = 63
Für jeden richtig ausgefüllten Waggon erhältst du einen halben Punkt. Für den richtig eingekreisten Waggon bekommst du einen halben Punkt.
☺ 6 Punkte
Gesamtpunktzahl: 11 Punkte

Seite 28

●
4 • 75 = 300
4 • 70 = 280
+ 4 • 5 = 20
4 • 75 = 300

2 • 86 = 172
2 • 80 = 160
+ 2 • 6 = 12
2 • 86 = 172

5 • 33 = 165
5 • 30 = 150
+ 5 • 3 = 15
5 • 33 = 165

7 • 49 = 343
7 • 40 = 280
+ 7 • 9 = 63
7 • 49 = 343

9 • 16 = 144
9 • 10 = 90
+ 9 • 6 = 54
9 • 16 = 144

Für jede richtige Aufgabe erhältst du 1 Punkt.
☺ 5 Punkte

●● Frage: Wie viel Geld müssen die Kinder zusammen bezahlen?
Rechnung: 19 + 26 = 45; 45 • 6 € = 270 €
Antwort: Die Kinder müssen zusammen 270 € bezahlen.
Für Frage, Rechnung und Antwort erhältst du je 1 Punkt.
☺ 3 Punkte
Gesamtpunktzahl: 8 Punkte

Seite 29

● 

Für jede richtige Lösung erhältst du einen halben Punkt, also 2 Punkte pro Haus.
☺ 6 Punkte

●● Die Lösungswörter sind:
ALLES LEICHT
Für jedes richtige Wort bekommst du 2 Punkte.
☺ 4 Punkte
Gesamtpunktzahl: 10 Punkte

Seite 30

●
69 : 3 = 23
60 : 3 = 20
+ 9 : 3 = 3
69 : 3 = 23

72 : 4 = 18
60 : 4 = 15
+ 12 : 4 = 3
72 : 4 = 18

85 : 5 = 17
80 : 5 = 16
+ 5 : 5 = 1
85 : 5 = 17

125 : 5 = 25
100 : 5 = 20
+ 25 : 5 = 5
125 : 5 = 25

182 : 7 = 26
140 : 7 = 20
+ 42 : 7 = 6
182 : 7 = 26

Für jede richtig gerechnete Aufgabe erhältst du 1 Punkt.
☺ 5 Punkte

●● 105 : 7 = 15 (91 : 7 = 13)
75 : 3 = 25 (96 : 4 = 24)
117 : 9 = 13 (112 : 8 = 14)
Für jede richtig zugeordnete Aufgabe erhältst du 1 Punkt.
☺ 3 Punkte
Gesamtpunktzahl: 8 Punkte

Seite 31

● 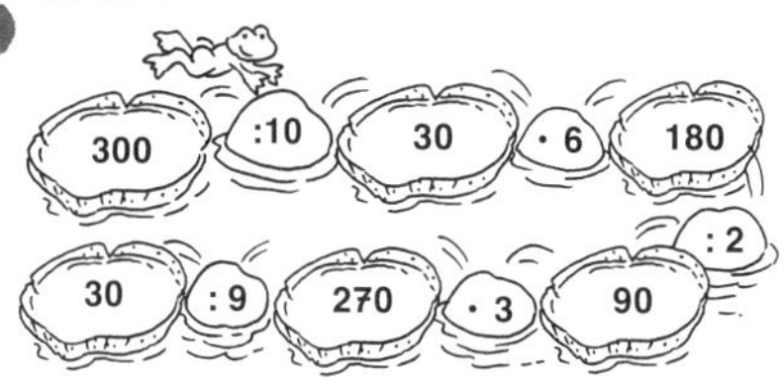

Für jede richtige Lösung erhältst du 1 Punkt.
☺ 5 Punkte

●●
9 • 70 = 630	6 • 40 = 240
4 • 30 = 120	9 • 50 = 450
2 • 80 = 160	5 • 60 = 300
9 • 90 = 810	4 • 90 = 360
8 • 10 = 80	6 • 10 = 60

Lösungsbild: Stern
Für jedes richtige Ergebnis erhältst du einen halben Punkt.
☺ 5 Punkte
Gesamtpunktzahl: 10 Punkte

Seite 32

● 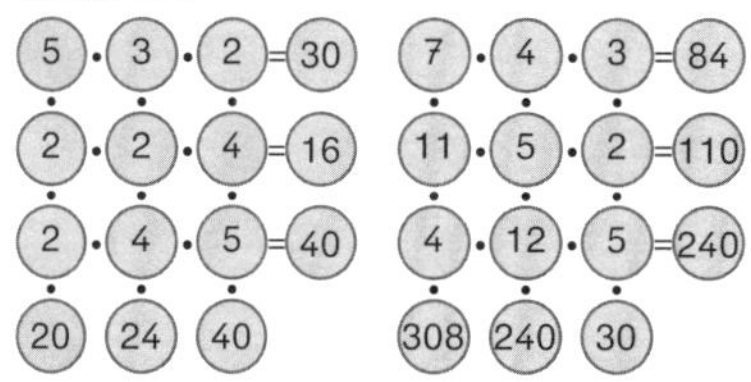

Für jede richtig eingesetzte Aufgabe erhältst du 2 Punkte.
☺ 4 Punkte

Seite 32

24 : 8 + 3 = 6; 37 + 14 – 9 = 42;
72 : 8 + 10 = 19; 4 + 3 + 12 – 13 = 6
Für jede richtige Aufgabe erhältst du 1 Punkt.
☺ 4 Punkte
Gesamtpunktzahl: 8 Punkte

Seite 33

0,30 € 9,50 €
4,60 € 2,02 €
7,40 € 4,08 €
Für jede richtig geschriebene Kommazahl erhältst du 1 Punkt.
☺ 6 Punkte

a) Rechnung:
1,20 € + 0,80 € + 0,80 € = 2,80 €
Antwort: Alles zusammen kostet 2,80 €.
b) Rechnung: 10 € – 2,80 € = 7,20 €
Antwort: Lara bekommt 7,20 € zurück.
Für die richtige Rechnung und Antwort erhältst du jeweils 1 Punkt.
☺ 4 Punkte
Gesamtpunktzahl: 10 Punkte

Seite 34

6 m 12 cm = 6,12 m = 612 cm
3 m 40 cm = 3,40 m = 340 cm
1 m 75 cm = 1,75 m = 175 cm
Für jede richtige Zeile erhältst du 1 Punkt.
☺ 3 Punkte

1,9 cm; 30 cm; 100 cm
Für jede richtige Angabe erhältst du 1 Punkt.
☺ 3 Punkte

Frage: Wie viel m Zaun braucht er?
Rechnung: 8 m + 8 m + 5 m + 5 m = 26 m
Antwort: Er braucht 26 m Zaun.
Für Frage, Rechnung und Antwort erhältst du jeweils 1 Punkt.
☺ 3 Punkte
Gesamtpunktzahl: 9 Punkte

Seite 35

3 h 45 min = 225 min
7 h 12 min = 432 min
340 min = 5 h 40 min
620 s = 10 min 20 s
9 min 12 s = 552 s
7 min 45 s = 465 s
Für jede richtige Umrechnung bekommst du 1 Punkt.
☺ 6 Punkte

1 h 30 min 18 min 58 min 40 min
Für jede richtige Lösung bekommst du 1 Punkt.
☺ 4 Punkte

Rechnung:
10.32 Uhr —(– 13 min)→ 10.19 Uhr
Antwort: Der Zug hätte um 10.19 Uhr ankommen sollen.
Für die richtige Rechnung und Antwort bekommst du jeweils 1 Punkt.
☺ 2 Punkte
Gesamtpunktzahl: 12 Punkte

Seite 36

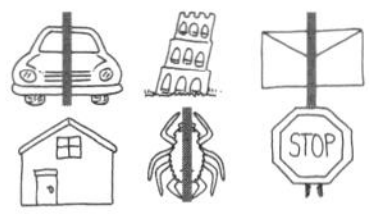

Die Buchstaben auf dem Schild sind nicht symmetrisch.
Für jede richtig eingezeichnete Symmetrieachse erhältst du 1 Punkt.
☺ 3 Punkte

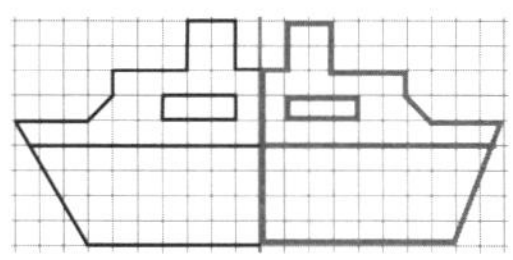

Hast du die Achsensymmetrie berücksichtigt?
Für genaues Zeichnen erhältst du 3 Punkte.
☺ 3 Punkte
Gesamtpunktzahl: 6 Punkte

Seite 37

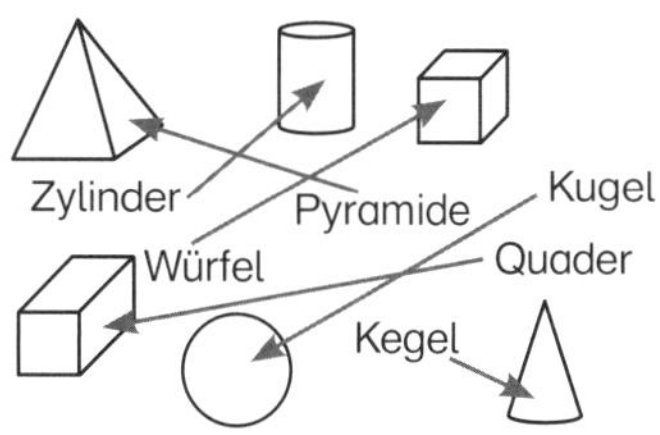

Für jeden richtig zugeordneten Körper erhältst du 1 Punkt.
☺ 6 Punkte

Zum Beispiel: Schuhkarton, Spielzeugkiste, Fernseher, Mikrowelle, Milchtüte, Schrank, Buch …
Für jeden Gegenstand erhältst du einen halben Punkt.
☺ 3 Punkte

Zum Beispiel: Salzstreuer, Dose, Klopapierrolle, Spitzer, Klebestift, Glas, Becher, Topf …
Für jeden Gegenstand erhältst du einen halben Punkt.
☺ 3 Punkte
Gesamtpunktzahl: 12 Punkte

Seite 38

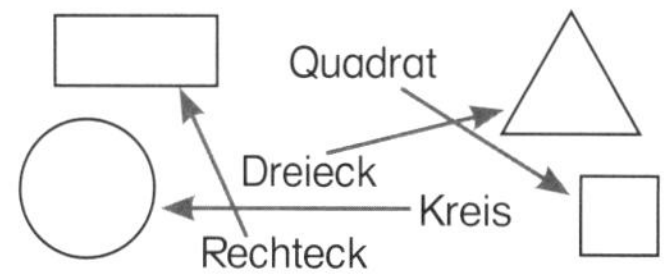

Für jeden richtig zugeordneten Körper erhältst du 1 Punkt.
☺ 4 Punkte

Für das Zeichnen der Figur erhältst du 2 Punkte.
☺ 2 Punkte

Körper	●	▲	■	▬
Würfel	0	0	6	0
Quader	0	0	0 oder 2	6 oder 4
Zylinder	2	0	0	1
Kugel	0	0	0	0

Für jede richtig ausgefüllte Zeile erhältst du 1 Punkt.
☺ 4 Punkte
Gesamtpunktzahl: 10 Punkte

Seite 39

Für jede richtig zugeordnete Form erhältst du 1 Punkt.
☺ 8 Punkte
Gesamtpunktzahl: 8

Seite 41

Lösungsmöglichkeit:
Tausend Tiger trinken Tee.
Elefanten essen elf Eier.
Fünf fette Frösche fangen Fische.
Acht Ameisen angeln Aale.
Nashörner niesen nachts nie.

Lösungsmöglichkeit:
Blumentopf, Blumentopferde, Blumentopferdeverkäufer

Lösungen

Seite 42

1	2	3	4	5	6	7	8	9	10
11	12	13	**14**	15	16	17	18	19	20
21	22	23	24	25	26	27	28	29	30
31	32	**33**	34	35	36	37	38	39	40
41	42	43	44	45	46	47	48	49	**50**
51	52	53	54	55	56	57	**58**	59	60
61	**62**	63	64	65	**66**	67	68	69	70
71	72	**73**	74	75	76	77	78	**79**	**80**
81	82	**83**	84	85	86	87	88	89	90
91	92	**93**	**94**	95	**96**	97	98	99	100

26, 37, 61, 84, 99, 100
12, 25, 31, 36, 41, 47, 68, 87
28, 48, 68, 78, 80, 83, 84, 86, 87, 88, 89

Seite 43

die Kuh, die Kühe; der Hund, die Hunde; das Huhn, die Hühner; die Katze, die Katzen

der Esel — der Löwe
das Kamel — der Elefant

Seite 44

H	Z	E
1	1	2

H	Z	E
0	8	2

H	Z	E
1	1	0

H	Z	E
0	7	3

485, 243, 960, 794, 619, 322, 548, 831, 301, 415 (von oben nach unten)

Seite 45

galoppieren, fliegen, tauchen, brüllen

fliegen – schweben
erwidern – antworten
gewinnen – siegen
denken – überlegen
schmunzeln – lächeln

Seite 46

Frage: Wie viele Flaschen sind es zusammen?
Rechnung: 364 + 45 = 409
Antwort: Es sind zusammen 409 Flaschen.

825 — 995
875 — 960
685 — 711

Seite 47

Wiewörter: kalt, langsam, sonnig, windig, schnell, heiß, lustig, klein, groß
Lösungsbild: Ente

schnell, schwach, groß, mutig

Seite 48

a) Frage: Wie viel Geld hat er insgesamt bekommen?
Rechnung: 25 € + 45 € = 70 €
Antwort: Er hat insgesamt 70 € bekommen.
b) Frage: Wie viel Geld hat er jetzt?
Rechnung: 110 € + 70 € = 180 €
Antwort: Er hat jetzt 180 €.

Seite 49

Namenwort: Baum, Blatt, Seil
Tunwort: springen, steigen, laufen, singen, malen
Wiewort: lustig, froh, rot

jagen – Jagd, Schlag – schlagen
Traum – träumen, Esstisch – essbar

Seite 50

502, 359, 141, 124, 249, 251

Frage: Wie heißt die Zahl?
Rechnung: 747 – 474 = 273
Antwort: Die Zahl heißt 273.

Seite 51

Decke, Glocke, Rock, Fleck, Schreck

Lösungsmöglichkeit:
Lücke – Stücke, necken – strecken, Dreck – Fleck, Fackel – Dackel

Seite 52

8 • 10 = 80, 5 • 10 = 50, 3 • 10 = 30
70 = 7 • 10, 40 = 4 • 10, 50 = 5 • 10

5er-Reihe: 25, 5, 50, 45, 40, 10, 35, 15, 20, 30, 25
Lösungsbild: Teddybär

Seite 53

Schätze, Katze, Blitz, schmutzig, Witz

blitzen – sitzen, Spitze – Hitze, hetzen – setzen, platzen – schwatzen, Witz – Sitz, Schatz – Platz

Seite 54

Tina: 3 • 2 = 6, Stefan: 4 • 2 = 8, Anja: 2 • 2 = 4

8 • 2 = 16, 4 • 2 = 8, 2 • 2 = 4,
9 • 4 = 36, 7 • 4 = 28, 3 • 4 = 12
10 • 8 = 80, 6 • 8 = 48, 5 • 8 = 40
Niedrigstes Ergebnis: 4
Höchstes Ergebnis: 80

Seite 55

Brief, Tiger, Biene, Sieb, Stift, Stiefel, Birne, Wiese

spielte, stieg, ließ, rief, lief

Seite 56

6 • 3 = 18, 8 • 3 = 24, 5 • 3 = 15
4 • 6 = 24, 6 • 6 = 36, 9 • 6 = 54

3 • 6 = 18, 5 • 6 = 30, 7 • 6 = 42, 9 • 6 = 54, 1 • 6 = 6, 10 • 6 = 60, 2 • 6 = 12, 6 • 6 = 36, 4 • 6 = 24, 8 • 6 = 48

Seite 57

Lösungsmöglichkeit: See, Meer, Zoo, Moos, Moor, Saal, Haar, Waage

Moos, Klee, Fee, See

Seite 58

Zahlen der 9er-Reihe: 54, 72, 45, 81, 36

Richtiger Weg: 6 • 9 = 54, 2 • 9 = 18, 5 • 9 = 45, 1 • 9 = 9, 4 • 9 = 36, 3 • 9 = 27, 7 • 9 = 63, 6 • 9 = 54, 2 • 9 = 18, 5 • 9 = 45, 3 • 9 = 27, 4 • 9 = 36, 7 • 9 = 63

Seite 59

fahren, fühlen, fehlen, sehen, nehmen, zählen, wohnen, zähmen, drehen, wühlen, belohnen

Schuhe, sehen, Lehrer

Seite 60

2 • 7 = 14	9 • 7 = 63	7 • 7 = 49
6 • 7 = 42	5 • 7 = 35	1 • 7 = 7
4 • 7 = 28	10 • 7 = 70	

Lösungsbild: Stern

9 • 7 = 63, 7 • 7 = 49, 6 • 7 = 42,
8 • 7 = 56, 5 • 7 = 35, 4 • 7 = 28

Seite 61

Wiewörter auf -lich:
glücklich, schrecklich, hässlich, herrlich, dicklich
Wiewörter auf -ig:
fleckig, zackig, lockig, zickig, eckig

Seite 62

3 • 4 = 12
5 • 2 = 10
9 • 4 = 36
5 • 4 = 20

Lösungen

Seite 62

•	1	2	3	4	5	6	7	8	9	10
1	1	2	3	4	5	6	7	8	9	10
2	2	4	6	8	10	12	14	16	18	20
3	3	6	9	12	15	18	21	24	27	30
4	4	8	12	16	20	24	28	32	36	40
5	5	10	15	20	25	40	35	30	35	40
6	6	12	18	24	30	36	42	48	54	60
8	8	16	24	32	40	48	56	64	72	80
9	9	18	27	36	45	54	63	72	81	90
10	10	20	30	40	50	60	70	80	90	100

Seite 63

wissen, müssen, isst, küsst, entlassen, frisst

wissen, küssen, hassen, nass, blass
essen, lassen, müssen, fressen, fassen

Seite 64

280 : 4 = 70, denn 4 • 70 = 280
450 : 50 = 9, denn 9 • 50 = 450
210 : 7 = 30, denn 7 • 30 = 210
80 : 20 = 4, denn 4 • 20 = 80
300 : 6 = 50, denn 6 • 50 = 300
160 : 80 = 2, denn 2 • 80 = 160

350 : 70 = 5   280 : 40 = 7
240 : 60 = 4   640 : 80 = 8

Seite 65

schießen, grüßen, süßen, schließen, gießen, fließen

bloß – Stoß, heiß – weiß,
gießen – fließen, Füße – Grüße,
Spaß – Fraß, Schoß – groß

Seite 66

45 min   60 min
15 min   30 min
120 min   200 min
240 min   135 min
370 min   530 min

Frage: Wie lange sind sie schon dort?
Rechnung: 10.30 Uhr + 4h 45 min = 15.15 Uhr
Antwort: Sie sind 4 h und 45 min dort.

Seite 67

Hund, Luft, Abschied, Arbeit, Mut

die Hand – die Hände, das Rad – die Räder, das Kind – die Kinder, das Boot – die Boote, der Hut – die Hüte

Seite 68

114, 470, 427, 675, 360, 60, 148, 396, 118, 102 (von oben nach unten)

Seite 69

der Flug – die Flüge
der Steg – die Stege
der Kiesweg – die Kieswege
der Misserfolg – die Misserfolge
das Gelenk – die Gelenke

Geschenk, Käfig, Zweig, Honig, Weg, Schrank, Berg, Teig, krank, Werk, Trank, Getränk, Bank, Lösungsbild: Lastwagen

Seite 70

Frage: Wie viel bleibt von der Rolle übrig?
Rechnung: 8 m – 2,30 m – 2,70 m – 2,50 m = 0,50 m = 50 cm
Antwort: Es bleiben 0,50 m übrig.

Frage: Wie lang ist die Wand?
Rechnung 50 cm • 8 = 400 cm = 4 m
Antwort: Die Wand ist 4 m lang.

Seite 71

LIEBER/MARCO/VIELEN/DANK/FÜR/DEINEN/ BRIEF/ICH/HABE/MICH/SEHR/GEFREUT/HAST/DU/MIT/DEINER/ANGEL/DENN/NOCH/MEHR/FISCHE/GEFANGEN/ICH/HABE/ES/AUCH/EINMAL/VERSUCHT/ABER/BEI/MIR/WOLLTE/KEIN/FISCH/ANBEISSEN/
DAFÜR/LERNE/ICH/GERADE/RAD/FAHREN/MEIN/FREUND/STEFAN/WILL/ES/MIR/BEIBRINGEN/ICH/FALLE/SCHON/NICHT/MEHR/GANZ/SO/OFT/HIN/WIE/ZU/BEGINN/ICH/FREUE/MICH/SCHON/AUF/ANTWORT/VON/DIR/SCHÖNE/GRÜSSE/JAN

Ein Mann flog über einen Teich – niemand sah es – es war ein Scheich. Die Buchstaben wurden von oben nach unten geschrieben.

Seite 72

100
63 | 37
38 | 25 | 12
19 | 19 | 6 | 6

100
52 | 48
30 | 22 | 26
21 | 9 | 13 | 13

987
564 | 423
464 | 100 | 323
373 | 91 | 9 | 314

666
323 | 343
169 | 154 | 189
94 | 75 | 79 | 110

380 + 620 = 1000   670 + 280 = 950
390 + 460 = 850   540 + 190 = 730
580 + 390 = 970   390 + 220 = 610

Seite 73

neue Form: Herz

Seite 74

764 – 399 = 365   96 • 7 = 672
385 + 299 = 684   948 : 4 = 237

4 • 9 = 36   4 • 5 = 20
5 • 9 = 45   5 • 5 = 25
6 • 9 = 54   6 • 5 = 30
8 • 9 = 72   8 • 5 = 40
2 • 9 = 18   2 • 5 = 10

Mein Lern-Rätsel-Block

4. Klasse:

Seite 82–101	Deutschaufgaben
Seite 102–119	Mathematikaufgaben
Seite 120	Urkunde
Seite 121–154	Deutsch und Mathematik: Rätsel und Übungen
Seite 155–160	Lösungen

Klasse 4: Deutsch und Mathematik

Anleitung zu den Seiten 83–119

- Auf diesen Seiten erhältst du Punkte für richtig gelöste Aufgaben.
- Auf dem Bleistift unten rechts siehst du, wie viele Punkte du bekommst.

- Kontrolliere die Lösung auf den Lösungsseiten und trage deine Punkte ein.
- Zähle alle Punkte zusammen und trage deinen Punktestand auf der Urkunde auf Seite 120 ein.
- Lass die Urkunde von deinen Eltern unterschreiben.

Eine Geschichte zu Ende erzählen

Lies und schreibe ein passendes Ende auf.

Warum Gänseblümchen etwas rosarot sind

Auf einer Wiese blühten viele Blumen, die oft Streit bekamen. „Wir sind die schönsten, weil wir viele Farben haben!", meinten die Tulpen. „Aber wir haben mehr Blüten!", erwiderten die Hyazinthen. Die Narzissen lachten über die Krokusse: „Ihr seid ja viel zu klein!" Diese antworteten beleidigt: „Aber unsere Blütenblätter haben eine schönere Form!" Schließlich fragten sie die Sonne, welche nun die schönste Blume sei. Die Sonne antwortete: „Das Gänseblümchen finde ich am schönsten!" Als das Gänseblümchen das hörte, ______________________________

____

____

____

____

4

Meine Gesamtpunktzahl beträgt:

Wortfeld sehen

● Benutze statt *sehen* andere Wörter. Die Wörter im Kasten helfen dir.

lugen	spähen	entdecken	schauen
beobachten	erblicken	anstarren	

Eines Nachts erwacht Gunno, das Gespenst, und ~~sicht~~ ______________ aus seiner Truhe heraus. Endlich kann er durch das Schloss spuken und in alle Ecken ~~sehen~~ ______________. Auf dem Schrank ~~sicht~~ ______________ er Schokolade. Gunno ~~sicht~~ ______________ unter das Bett. Er ~~sicht~~ ______________ 2 Mäuse, die sich über einen Käse hermachen. Im Keller ~~sicht~~ ______________ Gunno einen alten Spiegel. Plötzlich bemerkt er ein unbekanntes Gespenst, das ihn ~~ansicht~~ ______________.

Weißt du, wer der Unbekannte ist?

Meine Gesamtpunktzahl beträgt:

Abwechslungsreiche Satzanfänge

● Finde für das Wort *dann* einen anderen Satzanfang. Die Wörter im Kasten helfen dir.

plötzlich	auf einmal	sofort	jetzt
kurz danach	schließlich	nun	

Tipp: Dein Text wird lebendiger, wenn du unterschiedliche Satzanfänge benutzt.

Letzte Woche flog ich mit meinem Raumschiff durch das All. ~~Dann~~ ________ merkte ich, dass etwas nicht stimmte. ~~Dann~~ ________ fiel der Bordcomputer aus! ~~Dann~~ ________ musste ich auf dem nächsten Planeten notlanden. Ich stieg aus. ~~Dann~~ ________ sah ich Aliens. ~~Dann~~ ________ begrüßte ich sie. ~~Dann~~ ________ luden sie mich zum Essen ein. ~~Dann~~ ________ wurden wir gute Freunde und ich blieb auf dem Planeten.

Meine Gesamtpunktzahl beträgt:

Redezeichen setzen

• Hier wurde die direkte Rede vertauscht. Schreibe die Sätze richtig ab und füge die passenden Satzzeichen ein.

Der Trainer schreit: Das Konzert war super
Der Arzt meint: Endlich sind Ferien
Der Bauer schimpft: Was möchten Sie trinken
Die Kellnerin fragt: Gib endlich den Ball ab
Die Lehrerin erklärt: Das Bein ist gebrochen
Die Kinder lachen: Die ganze Ernte ist kaputt
Das Publikum jubelt: 2 plus 2 ist 4

____

____

____

____

____

____

____

Meine Gesamtpunktzahl beträgt:

Wörter mit ck und tz

Die Kinder machen ein Picknick. Lies den Text und setze ck oder k ein.

Im Wald pa___t Tina ihren Ru___sa___ aus und breitet alle Le___erbissen auf der De___e aus: Ke___se, Zwieba___, eine Schüssel Quar___, Schne___ennudeln und Gebä___. „Schme___t das le___er!“, ruft Jan. Tina le___t sich die Zunge ab: Die Zu___ervringel mag sie gern. Jan trinvt glü___lich einen Schlu___ Limo.

Setze die Wörter richtig zusammen und schreibe sie mit Begleiter auf.

Sitzpistole | Schatzplatz | Fußballbold | Spritzlicht | Blitzkissen | Satztruhe | Witzzeichen

das Sitzkissen, ______________________________

____

____

Meine Gesamtpunktzahl beträgt:

Wörter mit Dehnungs-h

• Schreibe jeweils das Reimwort mit Begleiter dazu. Achte dabei auf das Dehnungs-h.

die Kuh ____________________

der Hahn ____________________

gehen ____________________

•• Setze die Tunwörter zusammen und schreibe sie richtig auf ein extra Blatt Papier.

fa	dre	h	ren	en
ste	fe		en	len
seh	ste		en	len
zä	ke		ren	len
ma	mä		nen	en

Meine Gesamtpunktzahl beträgt:

Wörter mit ss und ß

Bei den Wörtern fehlt ss oder ß. Lies die Wörter laut und ergänze sie richtig.

Fu ______	Schlo ______
Sto ______	Ha ______
Scho ______	Fa ______
Nu ______	Gru ______
Ku ______	Schlu ______
Flo ______	Ro ______

Denke dir 5 Sätze aus, in denen möglichst viele der Wörter aus Aufgabe 1 vorkommen.

____

____

____

____

____

Meine Gesamtpunktzahl beträgt:

Zusammengesetzte Wörter

Ersetze die unterstrichenen Wörter durch zusammengesetzte Wiewörter. Schreibe sie unten auf. Achte auf die richtige Schreibung.

Lisa bemalt ihre Tapete rot wie Feuer.
Das Bett lackiert sie schwarz wie Pech.
Die Fliesen werden grün wie Gras.
Die Tür bemalt sie weiß wie Schnee.
Den Tisch bemalt sie blau wie den Himmel.
Die Stühle werden gelb wie eine Zitrone.

feurrot, ______________________________

____

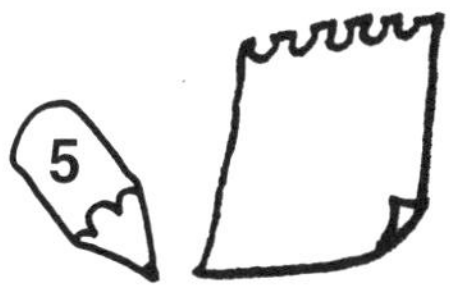

Bilde zusammengesetzte Namenwörter und schreibe sie mit dem richtigen Begleiter auf.

Pumpe	Regen	Fahrrad	Bein
Tisch	Schirm	Tür	Haus

____

____

Meine Gesamtpunktzahl beträgt:

Wortfamilien

● Schreibe die Wörter der Wortfamilien auf.

weg		en	ver		en
be	fahr	t	weg	lauf	band
ab	Fahr	zeug	über	Lauf	steg
über		er	ab		stall

____

____

____

____

____

●● Setze aus der Wortfamilie *fahren* oder *laufen* die richtigen Wörter ein.

Ich wünsche euch eine gute ____________.

Das ______________ ist nicht angesprungen.

Ich habe mich in der großen Stadt ____________.

Meine Gesamtpunktzahl beträgt:

Doppelte Mitlaute

● Bilde mit den Wortteilen Wörter und schreibe sie mit Begleiter auf.

Mu Fu Bu Mi Ku Ma Ga La tt er e

____

____

____ 8

●● Schreibe jeweils ein Reimwort darunter.

Schwamm	essen	summen
____________	____________	____________
wissen	Mappe	Kanne
____________	____________	____________

3

Meine Gesamtpunktzahl beträgt:

Lesespiele

Thomas schreibt Sarah einen Brief in Geheimschrift. Kannst du den Brief entziffern?
Tipp: Jede Zahl steht für einen Buchstaben im Alphabet, z. B. A = 1, B = 2, C = 3 …

9	3	8

8	1	2	5

4	5	14

19	3	8	1	20	26

9	14

15	13	1	19

11	5	12	12	5	18

7	5	12	5	7	20

Kannst du die Zungenbrecher fehlerfrei lesen?

Feine Frauen finden fleckige Faltenröcke fürchterlich.
Klar, kein Kleinkind kann knallharte Kokosnüsse knacken.
Fischers Fritz fischt frische Fische,
frische Fische fischt Fischers Fritz.

Meine Gesamtpunktzahl beträgt:

Längere Sätze lesen

Lies den Text, so schnell du kannst.

Ein Mann fing eine Maus,
so fängt die Geschichte an.
Er ging mit ihr nach Haus,
so hört die Geschichte auf.

Ein dicker Mann fing eine dicke Maus,
so fängt die dicke Geschichte an.
Er ging mit ihr schnell nach Haus,
so hört die dicke Geschichte auf.

Ein dicker, alter Mann fing eine dicke, alte Maus,
so fängt die dicke, alte Geschichte an.
Er ging mit ihr schnell und hastig nach Haus,
so hört die dicke, alte Geschichte auf.

Ein dicker, alter, grauer Mann fing eine dicke,
alte, graue Maus,
so fängt die dicke, alte, graue Geschichte an.
Er ging mit ihr schnell, hastig und stolpernd
nach Haus,
so hört die dicke, alte, graue Geschichte auf.

Meine Gesamtpunktzahl beträgt:

Sinnerfassendes Lesen

● In diesem Text ist ein Gedicht versteckt. Kannst du es finden? Streiche alle Zeilen durch, die nicht dazu gehören.

Ein afrikanisches Kind
Eine Banane
Ein Indianerkind
Eine geblümte Tasse
Ein Inuitkind
Ein Zirkuskind
Ein deutsches Kind
Ein selbst gemaltes Bild
Drücken beim Spielen die Hände in Lehm
Macht Löcher in das Papier
Und nun sag mir:
Wann ist es endlich acht Uhr?
Welche Hand ist von wem?

4

●● Erfinde selbst ein Gedicht mit mindestens 8 Zeilen und schreibe es auf ein extra Blatt Papier. Hast du Lust, das Gedicht deinen Eltern oder Freunden vorzutragen?

4

Meine Gesamtpunktzahl beträgt:

Textteile richtig ordnen

Hier sind 2 Texte durcheinandergeraten. Kannst du sie wieder trennen? Unterstreiche den einen Text gelb und den anderen rot.

Susi und Karim wollen heute ins Freibad. Die Sonne scheint, als die beiden sich auf ihre Räder schwingen und losfahren. Auf dem Weg zur Schule beginnt Jans Herz wild zu klopfen. Heute findet das Fußballspiel gegen die 4a statt. Der Eintritt ist für Schulkinder kostenlos. Herr Sommer, der Sportlehrer, hat mit der aufgestellten Mannschaft fleißig trainiert. Kaum angekommen, macht es sich Karim auf seinem Badetuch bequem und liest ein spannendes Buch. Alle Schüler fiebern dem Spiel mit großer Spannung entgegen. Schließlich winkt der Siegerklasse ein ganz besonderer Preis. Susi nimmt den Wasserball, bläst ihn auf und springt sofort ins Wasser. „Uh, ist das kalt!“, kreischt sie und schwimmt zügig eine Bahn. „Eine Klassenfahrt nach Italien – das wär’s“, träumt Jan und hofft auf den Sieg.

Meine Gesamtpunktzahl beträgt:

Tunwörter und ihre Formen

Schreibe das Tunwort *lachen* in allen Formen in die Tabelle. Das Beispiel hilft dir.

1. Person Einzahl **ich renne**	1. Person Mehrzahl **wir rennen**
2. Person Einzahl **du rennst**	2. Person Mehrzahl **ihr rennt**
3. Person Einzahl **er, sie, es rennt**	3. Person Mehrzahl **sie rennen**

ich	**wir**
du	**ihr**
er, sie, es	**sie**

Schreibe die gesuchten Wörter auf.

singen: 2. Person Einzahl ________________

flöten: 1. Person Einzahl ________________

kämpfen: 1. Person Mehrzahl ________________

schlafen: 3. Person Einzahl ________________

schreiben: 2. Person Mehrzahl ________________

Meine Gesamtpunktzahl beträgt:

Wortarten

• Die Maschine macht aus Wiewörtern Namenwörter. Ergänze *-heit* oder *-keit* und schreibe die Namenwörter mit Begleiter auf.

dunkel ____________________

schön ____________________

tapfer ____________________

übel ____________________

sicher ____________________

sauber ____________________

•• Suche die passenden Wiewörter.

Hass ____________ Schmutz ____________

Herz ____________ Spaß ____________

Zorn ____________ Wut ____________

Meine Gesamtpunktzahl beträgt:

Unregelmäßige Tunwörter

Trage jeweils die richtige Form der unregelmäßigen Tunwörter ein. Achte auf die richtige Schreibweise.

laufen	*er läuft*	*er lief*
gehen		
rufen		
schreiben		
fahren		
springen		
frieren		
fressen		
dürfen		
können		
singen		

Meine Gesamtpunktzahl beträgt:

Satzglieder umstellen und erfragen

• Stelle die Satzglieder dieses Satzes um:
Philipp malt ein Bild. Schreibe 2 Möglichkeiten auf.

____

____

2

•• Erfrage die Satzglieder im Text.

Im Museum wurde gestern von einem Unbekannten ein Kunstwerk gestohlen.

Wo? ______________________________

Wann? ______________________________

Von wem? ______________________________

Was? ______________________________

Kommissar Klein war sofort an Ort und Stelle.

Wer? ______________________________

Wann? ______________________________

Wo? ______________________________

7

Meine Gesamtpunktzahl beträgt:

Satzglieder – Subjekt und Prädikat

Unterstreiche jeweils das Subjekt.
Tipp: Nach Subjekten fragst du mit *wer* oder *was*?

a) Der Kühlschrank ist leer.
b) Stefanie hat solchen Hunger!
c) Was soll sie bloß machen?
d) Dann kommt Anna vorbei und bringt Eis mit.
e) Das Eis schmeckt herrlich!
f) Bald haben sie das Eis aufgegessen.

Unterstreiche die Prädikate. Erfinde mit ihnen eigene Sätze. Schreibe sie auf ein Blatt Papier.
Tipp: Prädikate sagen dir, was jemand *tut*.

Am Baum hängen saftige Äpfel.
Der Lehrer vergisst seine Brille.
Jan liest ein Buch.
Ich klettere auf den Baum.
Meine Mutter kochte gestern Nudeln.
Anna und Tina singen gern.
Peter spielt mit seinem Hund.
Die Kinder machen einen Ausflug.

Meine Gesamtpunktzahl beträgt:

Zahlen vergleichen und ordnen

• Ordne die Zahlen nach der Größe.
Beginne mit der kleinsten Zahl.

412 376 | 514 233 | 867 362 | 868 362

412 475 | 512 346 | 76 456

672 345 | 673 345 | 76 564

____

____

5

•• Bilde mit den Zahlen 3, 2, 8, 5, 6, 7 die kleinstmögliche und die größtmögliche Zahl.
Jede Zahl darf nur 1-mal vorkommen.

2

____

••• Zähle in Hunderterschritten und ergänze.

112 403	112 503		
	403 005		
			873 215

3

Meine Gesamtpunktzahl beträgt:

Umgang mit der Stellenwerttafel

● Lies und trage die Zahlen in die Stellenwerttafel ein. Achte auf die Stellenwerte. (E = Einer, Z = Zehner, H = Hunderter, T = Tausender).

dreitausendvierhunderteinundsechzig
fünfundzwanzigtausendsechshundertsiebzehn
neunundachtzigtausenddreihundertdreizehn
vierhundertsechzigtausendachtundzwanzig
einhundertzwölftausenddreihundertvierzig

HT	ZT	T	H	Z	E
		3	4	6	1

●● Zähle die Zahlen oben zusammen und schreibe deine Ergebniszahl als Wort.

____

____

Meine Gesamtpunktzahl beträgt:

Zahlen bestimmen und vergleichen

1 Bestimme die Nachbarzahlen. Achte auf die Stellenwerte: E = Einer, Z = Zehner, H = Hunderter.

	Vorgänger		Nachfolger
Z:	*23 860*	*23 865*	*23 870*
E:	23 864		
H:	23 800		
T:			24 000
E :			102 000
Z:		56 876	

5

2 Setze ein: >, < =.

56 721	☐	56 621
24 576	☐	23 599
98 765	☐	99 569
234 567	☐	233 657
678 933	☐	678 933
458 973	☐	458 979
143 507	☐	141 599
654 321	☐	569 321

4

Meine Gesamtpunktzahl beträgt:

Schriftliche Addition und Subtraktion

Rechne die Aufgaben aus. Male die Lösungsfelder im Bild mit Bleistift an. Rechne schriftlich auf einem extra Blatt Papier.

8 349 + 1 964 + 399 = ____________________

672 + 3 405 + 96 = ____________________

8 300 – 2 519 – 376 = ____________________

6 000 – 4 213 – 1 630 = ____________________

4 502 + 897 + 1 374 = ____________________

7 241 + 1 234 + 897 = ____________________

6 524 – 2 341 – 1 467 = ____________________

8 812 – 429 – 3 507 = ____________________

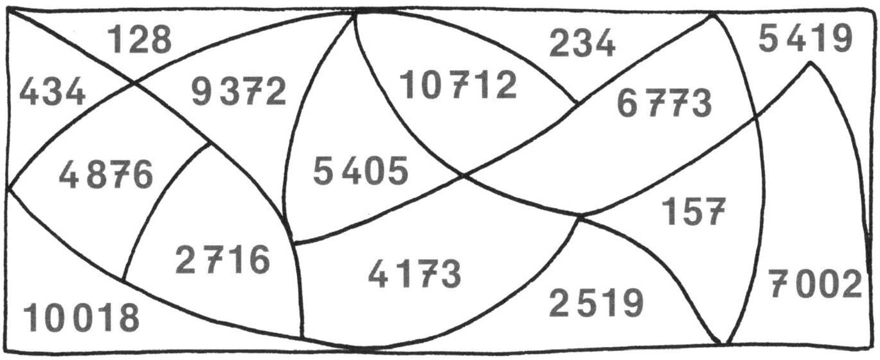

Meine Gesamtpunktzahl beträgt:

Textaufgaben

● In das Gottlieb-Daimler-Stadion in Stuttgart passen 54 267 Besucher. Beim Endspiel des VFB-Stuttgart ist das Stadion fast ausverkauft. Nur 281 Karten liegen noch an der Kasse.

Frage: ______________________________

Rechnung: ______________________________

Antwort: ______________________________

●● Das Gottlieb-Daimler-Stadion in Stuttgart hat 19 953 Zuschauerplätze weniger als das Olympiastadion in Berlin.

Frage: ______________________________

____

Rechnung: ______________________________

Antwort: ______________________________

____

Meine Gesamtpunktzahl beträgt:

Runden – Überschlag

● Frau Reiter hat 21 560 € im Lotto gewonnen und 1 347 € gespart. Sie möchte ein Pferd für 25 000 € kaufen. Schnell überschlägt sie, ob das Geld reicht.

Überschlag: ______________________________

Antwort: ______________________________

2

●● Herr Jung will sich ein Auto für 50 000 € kaufen. In der Lotterie hat er 37 734 € gewonnen. Auf seinem Konto waren schon 22 900 €.

Überschlag: ______________________________

Antwort: ______________________________

2

●●● Frau Martin bucht eine Reise im Wert von 3 457 €. 614 € zahlt sie bar, den Rest überweist sie am Ende des Monats. Reichen ihre Ersparnisse im Wert von 2 845 €?

Überschlag: ______________________________

Antwort: ______________________________

2

Meine Gesamtpunktzahl beträgt:

Schriftliche Multiplikation und Division

● Rechne aus und male die Felder mit den richtigen Ergebnissen mit Bleistift an.
Rechne die Aufgaben schriftlich.

$736 \cdot 52 =$ ________	$2385 : 9 =$ ________
$911 \cdot 48 =$ ________	$4180 : 4 =$ ________
$2502 \cdot 3 =$ ________	$4806 : 6 =$ ________
$1046 \cdot 7 =$ ________	$4265 : 5 =$ ________
$2008 \cdot 9 =$ ________	$480 : 60 =$ ________
$371 \cdot 53 =$ ________	$2740 : 20 =$ ________
$825 \cdot 305 =$ ________	$3660 : 12 =$ ________

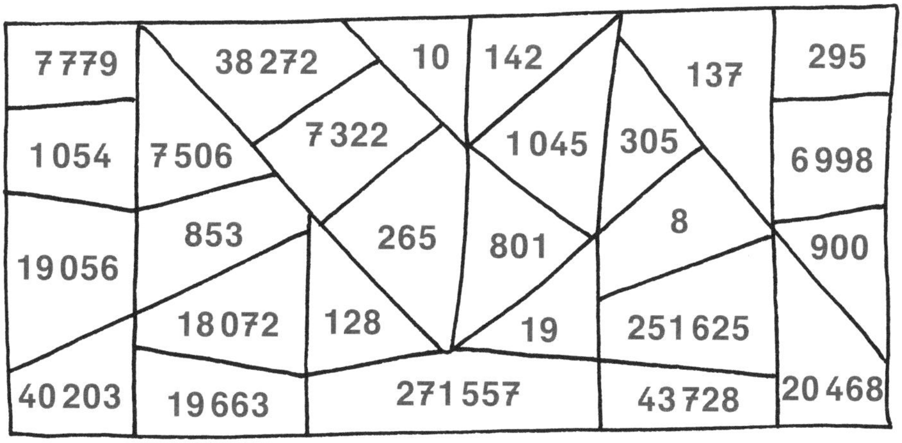

Meine Gesamtpunktzahl beträgt:

Textaufgaben

● Familie Schmidt fliegt mit 4 Erwachsenen und 4 Kindern nach Mexiko. Die Reise kostet pro Erwachsener 1 870 € und pro Kind 1 190 €.

Frage: ______________________________

Rechnung: ______________________________

____

Antwort: ______________________________

●● Herr und Frau Keller fahren von Berlin aus nach Freiburg. Dort wollen sie von Montag bis Freitag übernachten. Die einfache Fahrt Berlin – Freiburg kostet pro Person 120,50 €, die Übernachtung pro Doppelzimmer 45 €.

Frage: ______________________________

Rechnung: ______________________________

____

Antwort: ______________________________

Meine Gesamtpunktzahl beträgt:

Das große Einmaleins

● Ergänze die fehlenden Zahlen in den Rechenkreisen.

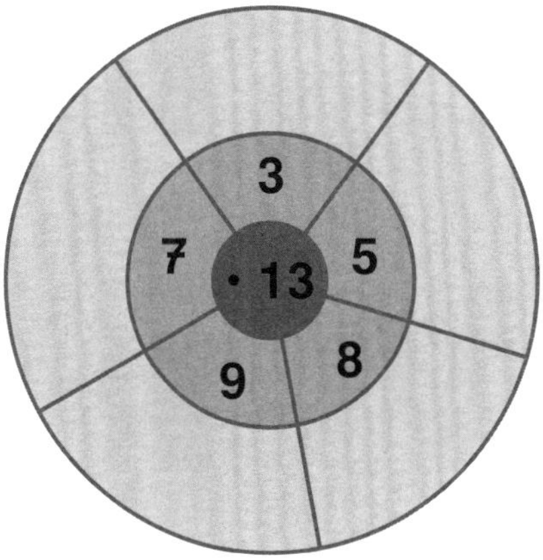

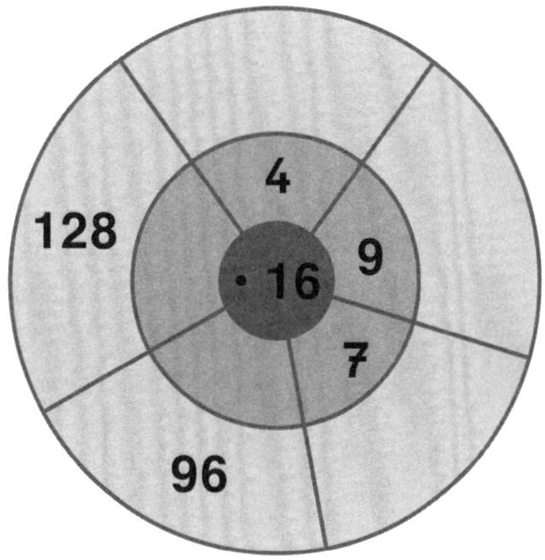

●● Rechne aus und ergänze die Tabelle.

·	11	12	14	15	17
6					
7					
8					
9					
10					

Meine Gesamtpunktzahl beträgt:

Teiler und Vielfache

● Schreibe alle Teiler in die Blütenblätter.

●● Richtig oder falsch? Die Buchstaben aller richtigen Aufgaben ergeben ein Lösungswort.

42 ist Vielfaches von 6. **R**
12 ist Vielfaches von 5. **N**
27 ist Vielfaches von 9. **I**
32 ist Vielfaches von 7. **S**
24 ist Vielfaches von 8. **C**
12 ist Vielfaches von 9. **X**
30 ist Vielfaches von 3. **H**
16 ist Vielfaches von 4. **T**
42 ist Vielfaches von 6. **I**
17 ist Vielfaches von 2. **V**
92 ist Vielfaches von 2. **G**

Meine Gesamtpunktzahl beträgt:

Zeichnen mit Geodreieck und Zirkel

● Zeichne auf ein extra Blatt die 3 Rechtecke A, B und C mit dem Geodreieck. Markiere jeweils die rechten Winkel.

	A	B	C
Länge	6 cm	5 cm	7 cm
Breite	4 cm	3 cm	5 cm

●● Zeichne die Blume mit dem Zirkel nach. Stelle einen Radius von 2,5 cm ein.

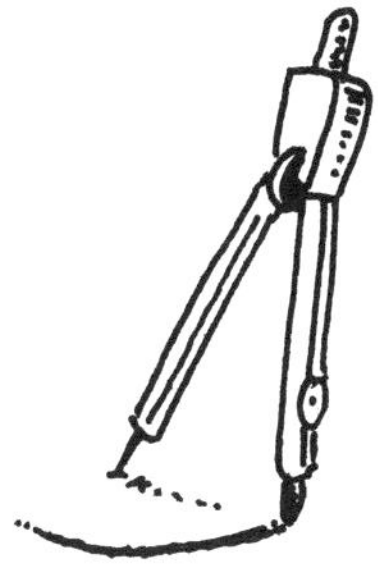

●●● Zeichne mit dem Zirkel um einen Mittelpunkt 5 verschieden große Kreise. Male die Schnittflächen verschiedenfarbig an.

Meine Gesamtpunktzahl beträgt:

Flächenumfang

• Lege die Figuren mit Streichhölzern nach.

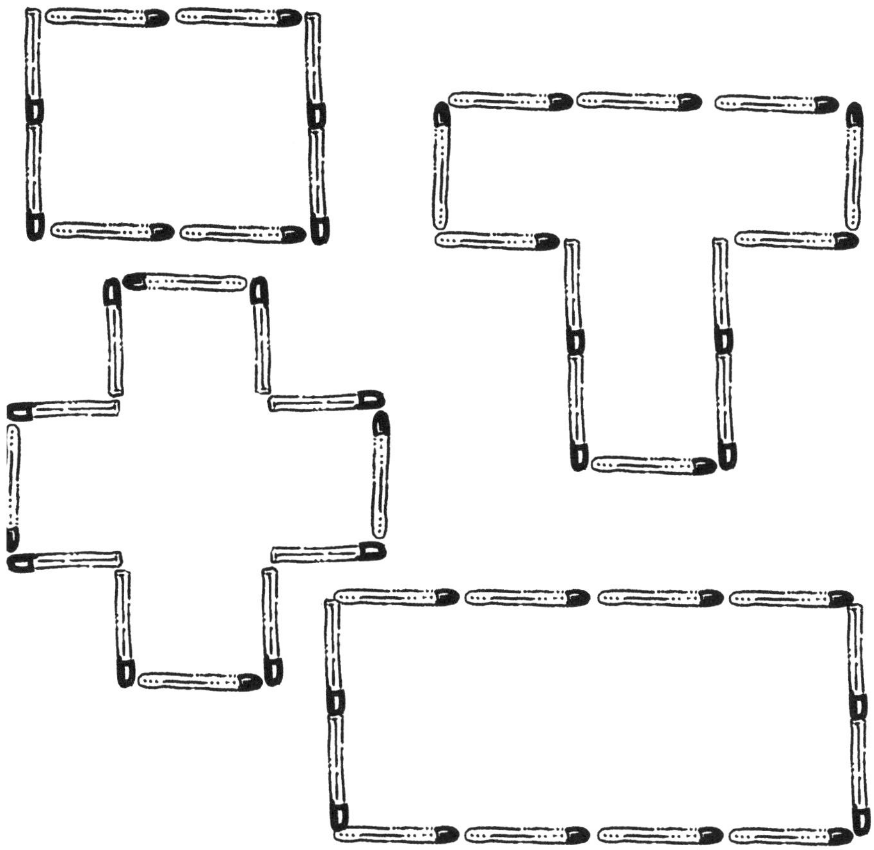

•• Berechne jeweils den Umfang.
Tipp: Gehe beim Rechnen von einer Streichholzlänge von 4,5 cm aus. 3 der 4 Flächenumfänge sind gleich groß. Welche?

Meine Gesamtpunktzahl beträgt:

Flächeninhalt

● Wie groß ist jeweils der Flächeninhalt der Figuren?
1 Kästchen entspricht 1 Quadratmeter (m^2).

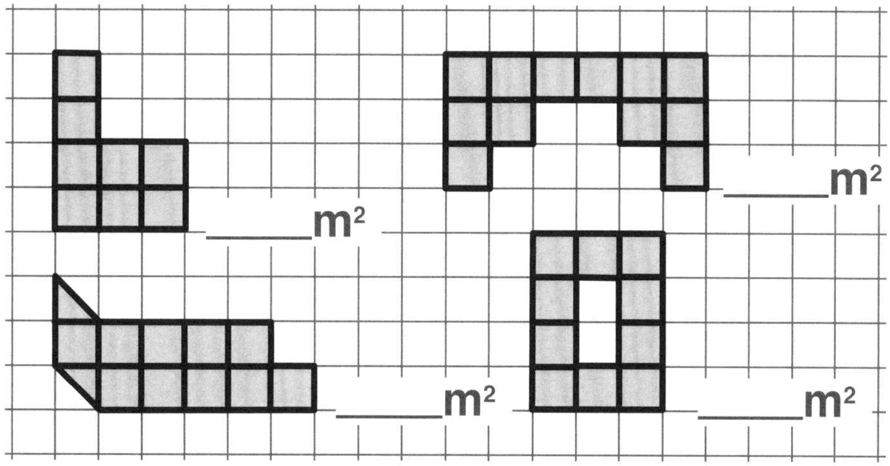

●● Zeichne eine Figur mit einem Flächeninhalt von 13 Quadratmetern (= 13 Kästchen).

Meine Gesamtpunktzahl beträgt:

Geometrische Körper

Ordne die Namen der Körper den Abbildungen zu.

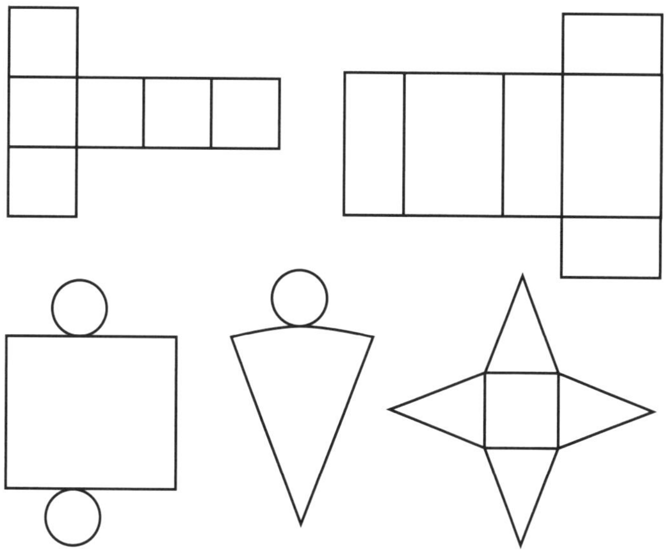

Zylinder
Würfel
Quader
Pyramide
Kegel

Welche Augenzahlen befinden sich auf den verdeckten Seiten der Würfel?

unten: ______________ unten: ______________

links: ______________ links: ______________

hinten: ______________ hinten: ______________

Meine Gesamtpunktzahl beträgt:

Zeitpunkte und Zeitspannen

● Verbinde die entsprechenden Zeitangaben.

1 h	3 h
180 min	1,5 h
90 min	4 h 10 min
30 s	60 min
250 min	0,5 min

●● Willst du wissen, wie Annas Tagesablauf aussieht? Rechne auf einem extra Blatt.

6.45: aufstehen	14.15: Hausaufgaben
7.35: Schulbeginn	15.35: flöten
10.05: Pause	18.30: Abendbrot
13.10: Mittagessen	21.00: schlafen

a) Nach wie vielen min Unterricht ist Pause?

b) Wie viele min vergehen zwischen Mittagessen und Abendbrot?

c) Wie viel Zeit bleibt Anna vor dem Flöten für die Hausaufgaben? Gib das Ergebnis in s an.

d) Wie viele min ist Anna am Tag wach?

Meine Gesamtpunktzahl beträgt:

Gewichte: Kilogramm – Tonne

●

Brachiosaurus: Gewicht 70 t
Tyrannosaurus Rex: Gewicht 6 t
Triceratops: Gewicht 8 t
Stegosaurus: Gewicht 2 t

Ein Mann wiegt 100 kg, ein Auto wiegt 1 t, ein Lastwagen wiegt 5 t, ein Elefant wiegt 3 t. Rechne die Aufgaben unten aus.

Ein Brachiosaurus war so schwer wie _____ Lastwagen. Ein Tyrannosaurus Rex war so schwer wie _____ Elefanten. Ein Tyrannosaurus Rex war so schwer wie _____ Männer. Ein Triceratops war so schwer wie _____ Autos. Ein Stegosaurus war so schwer wie _____ schwere Männer.

5

●● Ergänze jeweils auf eine Tonne (t).

403 kg + __________ 68 kg + __________

513 kg + __________ 108 kg + __________

4

Meine Gesamtpunktzahl beträgt:

Rauminhalte: Liter – Milliliter

● Verbinde jeden Gegenstand mit der passenden Größe.

1 l

0,25 l

10 l

480 l

●● Suche zu Hause 5 weitere Behälter und schreibe deren Rauminhalt auf.
Beispiel: Zahnpasta: 75 ml, Tagescreme: 50 ml

____

____

____

Meine Gesamtpunktzahl beträgt:

Textaufgaben

● Felix lädt zu seinem Geburtstag alle seine Freunde ein. Es kommen 16 Kinder. Für jedes Kind werden 4 Gläser mit je 0,25 Liter Saft berechnet.

Frage: ______________________________

Rechnung: ______________________________

Antwort: ______________________________

●● Die Kinder der Familie Schmid wollen im Planschbecken spielen. Es hat ein Fassungsvermögen von 180 l. Anne füllt es mit Wasser. Sie benutzt einen 10-l-Eimer.

Frage: ______________________________

____

Rechnung: ______________________________

Antwort: ______________________________

____

Meine Gesamtpunktzahl beträgt:

URKUNDE

____

(Trage hier deinen Namen ein.)

hat alle Deutsch- und Mathematikaufgaben bearbeitet und von 311 Punkten

_____ Punkte erreicht.

Datum: ____________________

____

Namenwörter

Male alle Felder aus, auf denen Namenwörter stehen. Dann kannst du ein Tier entdecken.

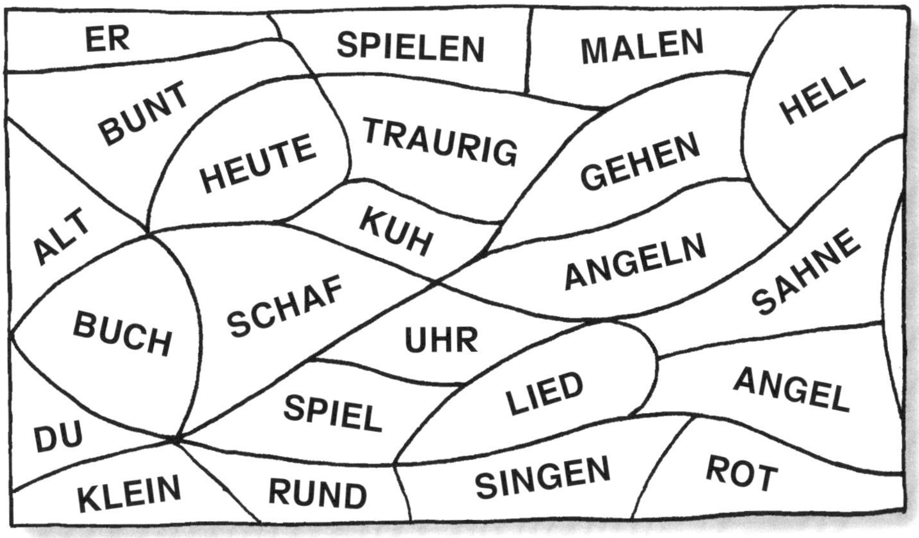

Das ist eine Wörtermaschine. Aus Tunwörtern und Wiewörtern werden Namenwörter. Schreibe sie mit Begleiter auf.

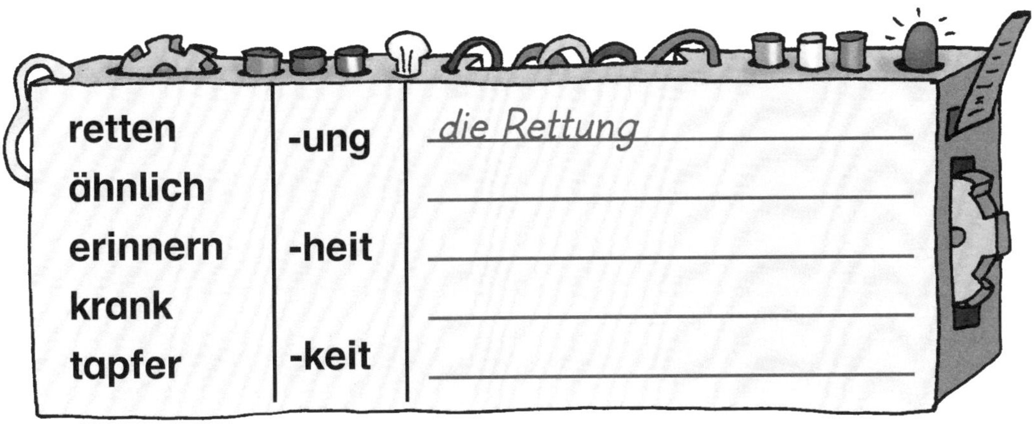

Rechenrätsel bis 1000

A = 10,	B = 20,	C = 30,	D = 40,	E = 50,
F = 60,	G = 70,	H = 80,	I = 90,	J = 100,
K = 110,	L = 120,	M = 130,	N = 140,	O = 150,
P = 160,	Q = 170,	R = 180,	S = 190,	T = 200,
U = 210,	V = 220,	W = 230,	X = 240,	Y = 250,
Z = 260,	Ä = 270,	Ö = 280,	Ü = 290	

• Maxi Maus will eine Geheimbotschaft an seine Freunde schreiben. Er verschlüsselt die Buchstaben und rechnet dann den Wert des Namens aus. Kannst du ihm helfen?

TINA 200 + 90 + 140 + 10 = 440

PETER ______________________

ANNA ______________________

DORIS ______________________

•• Wie heißt dein Name in Geheimschrift?
Schreibe auf und rechne aus.

____

Wiewörter

Trage die Wiewörter *flink, klein, stark, grau, langsam* in die Kästchen ein und verbinde sie mit dem richtigen Tier.
Tipp: Wiewörter werden kleingeschrieben.

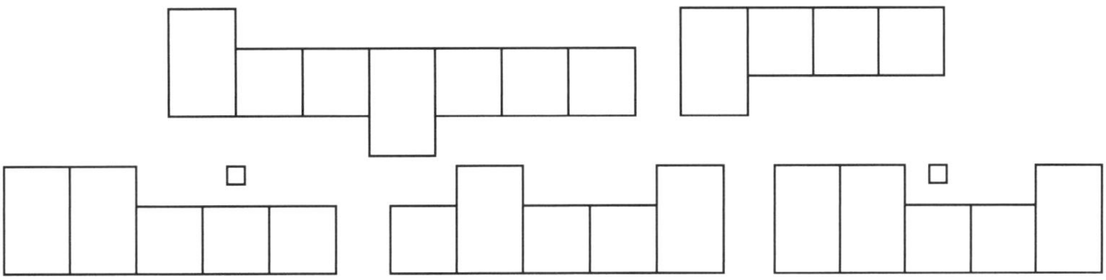

Verbinde die Wörter und bilde Sätze, z. B. Der Turm ist hoch.

gefährlich	das Licht
hell	die Wiese
grün	der Turm
hoch	der Einbrecher

Einmaleinstabellen

Kannst du die fehlenden Zahlen eintragen?

·		3			7
3	15				
			8		
9			18		
5				45	
		18			
					56

·					
3	21				
6		54			
4			16		
5				40	
7					42
8					

Tunwörter

Male Flammen auf die Kerzen, auf denen ein Tunwort steht. Schreibe die Wörter auf.

bauen, ___________________________________

____

Tipp: Tunwörter sagen dir, was jemand tut.
Sie werden immer kleingeschrieben.

Welchen Laut geben die Haustiere von sich?

Der Vogel ___________________________________.

Der Hund ___________________________________.

Die Katze ___________________________________.

Textaufgaben (g/kg)

Jans Mutter backt Waffeln. Auf einem Teller liegen schon 15 Stück. Eine wiegt 100 g.

a) Wie viel wiegen die Waffeln?
Rechne das Ergebnis in kg um.

Frage: ______________________________

Rechnung: ______________________________

Antwort: ______________________________

Tipp: 1 kg (Kilogramm) = 1 000 g (Gramm)

b) Stefan isst davon 2 Waffeln.
Wie viel Gramm wiegen die restlichen Waffeln?

Frage: ______________________________

Rechnung: ______________________________

Antwort: ______________________________

Wörter mit äu/au

Finde zu jedem Wort ein verwandtes Wort mit au. Schreibe die Wortpaare auf. *Tipp:* Man schreibt Wörter mit äu, wenn sie ein verwandtes Wort mit au haben.

träumen **Käufer** **Gebäude**

läuten **Räuber**

____

____

Welche Wörter fehlen? Die Silben helfen dir. *Tipp:* Es ist immer ein Wort mit äu.

Im Garten stehen viele ________________.

Katzen jagen gerne ________________.

Ich habe schlecht ________________.

Die Weide ist ________________.

träumt **ein-** **zäunt** **Bäu-** **Mäu-**

ge- **ge-** **me** **se**

Halbschriftliche Division

1 Der Ball mit dem Ergebnis 25 geht ins Tor.
Welcher ist es? Kreise ihn ein.

138 : 6 = ____________

165 : 5 = ____________

182 : 7 = ____________

288 : 9 = ____________

492 : 4 = ____________

125 : 5 = ____________

366 : 3 = ____________

272 : 8 = ____________

2 Welche Ergebnisse aus Aufgabe 1 sind ohne Rest durch 2 teilbar? Schreibe sie auf. Du kannst Zahlen durch 2 teilen, wenn die Einerzahl gerade ist.

____

Zeichensetzung

Lies die Sätze und überlege dir Fragen dazu.
Denke an das richtige Satzzeichen.

Stefan ist auf der Post.
Wo *ist Stefan?* ________________________________
Er beobachtet die Hunde.
Wen ________________________________
Stefan sieht viele Leute.
Wen ________________________________

Tipp: Am Ende eines Aussagesatzes steht immer ein Punkt. Am Ende einer Frage steht immer ein Fragezeichen. Nach einem Ausruf oder einem Befehl steht immer ein Ausrufezeichen.

Male das richtige Satzzeichen an.

Beeil dich	.	?	!
Wie geht es dir	.	?	!
Er schreibt einen Brief	.	?	!
Wo ist meine Jacke	.	?	!
Komm doch endlich	.	?	!

Gleichungen

● Hier haben Mäuse die Rechenzeichen weggeknabbert.
Setze die fehlenden Rechenzeichen ein (+, –, • oder :).

70 ____ 30 = 100

99 ____ 33 = 66

54 ____ 9 = 6

83 ____ 57 = 26

3 ____ 9 = 27

7 ____ 0 = 0

48 ____ 6 = 8

12 ____ 4 = 3

8 ____ 4 = 32

40 ____ 50 = 90

42 ____ 6 = 7

5 ____ 4 = 1

38 ____ 15 = 23

18 ____ 64 = 82

●● Ergänze die fehlenden Zahlen:

____ – 458 = 542

542 – ____ = 340

300 : 5 = ____

____ • 9 = 540

540 : ____ = 30

____ • 70 = 210

210 + ____ = 876

____ + 124 = 1000

Das große Einmaleins

Wie heißen die Ergebnisse? Rechne aus. *Tipp:* Zerlege jede Aufgabe, so wie in der Beispielaufgabe.

3 • 17 = 3 • 10 + 3 • 7 = 30 + 21 = 51

6 • 16 = ______

2 • 14 = ______

7 • 19 = ______

4 • 16 = ______

8 • 18 = ______

10 • 19 = ______

9 • 18 = ______

Rechne aus.

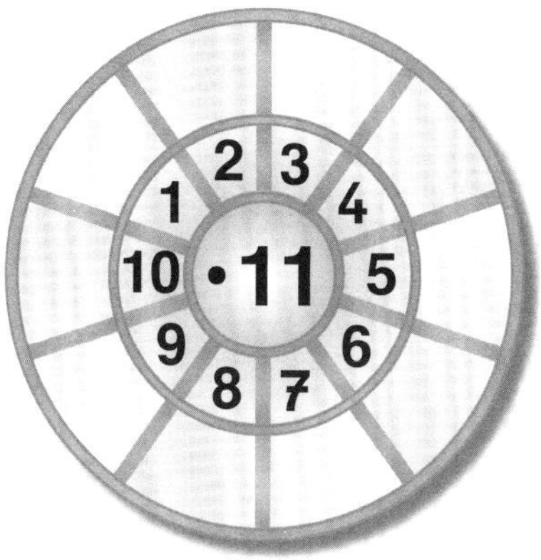

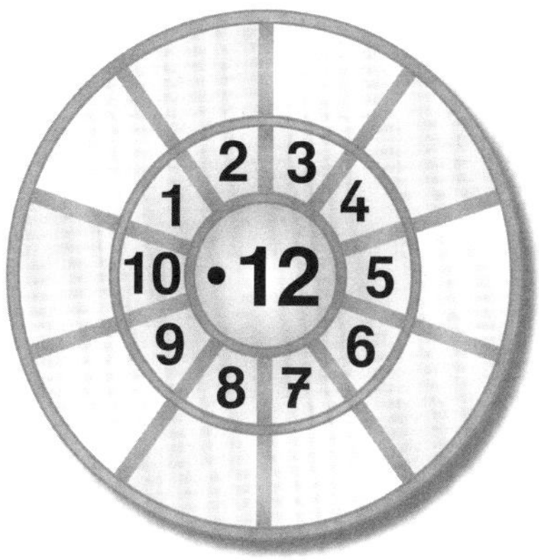

Optische Wahrnehmung schulen

• Findest du den versteckten Namen eines Gespenstes?

MMMMMMMMMMMMT
MMMMMHMMMMEMM
MMOMMMMMMMMMM
MMMMMMMDMMMMM
MMMMOMMMMMMMM
MMMMMMMMMMMMM
RMMMMMMMMMMMM

•• Suche vier Wörter im Gitternetz. Sie sind senkrecht, waagrecht und diagonal versteckt. Kreise sie ein.

M	A	J	S	E	G	M	F	N	D	J	J	A	T	M	S	D	F	K	J
M	S	K	A	N	E	A	S	G	F	K	E	T	T	E	S	K	J	D	H
L	D	K	F	J	S	D	J	F	E	S	D	J	F	L	S	K	D	J	F
D	F	H	K	S	P	S	D	F	D	I	L	S	D	J	L	K	F	J	K
D	F	J	M	I	E	F	J	L	S	D	S	L	K	S	K	D	L	F	F
S	C	H	L	S	N	T	C	H	L	S	S	T	S	C	H	L	O	S	S
L	K	J	S	F	S	S	L	K	L	F	J	D	L	K	J	L	F	K	J
D	J	L	F	D	T	S	L	K	D	J	F	S	D	J	F	L	S	S	I

Zahlenraum bis 1 Million

● Welche Zahl ist hier gemeint?
Verbinde die Zahlen mit dem passenden Wort.

siebzehntausend	177 000
einhundertsiebenundsiebzigtausend	17 000
siebenundsiebzigtausend	717 000
siebenhundertundsiebzehntausend	73 000
dreiundsiebzigtausend	77 000

●● Größer, kleiner oder gleich? Trage ein.

930 000	>	390 000	452 000	<	524 000
569 231		569 231	578 680		568 780
258 141		521 457	473 691		196 347
202 020		121 212	876 678		786 687

Doppelte Selbstlaute

Die Wörter auf jeder Waage passen nicht zueinander. Verbinde die richtigen Wörter. Schreibe dann die zusammengesetzten Wörter auf.

Haarband, ________________________________

Hier sind 5 weitere Wörter mit aa, ee, oo versteckt. Findest du sie alle? Kreise die Wörter ein.

Z	O	O	P	L	A
F	M	N	A	Ü	K
X	E	S	A	A	L
V	Ü	E	R	I	E
B	M	O	O	S	E
T	E	X	Q	W	P

Addition

• Auf den Eisenbahnwaggons fehlen Zahlen.
Trägst du sie ein?

•• Anja möchte 750 km von Frankfurt nach Mailand fahren, von da aus 1200 km nach Paris und dann nach Berlin (1140 km). Rechne aus, wie viele Kilometer es insgesamt sind.

Frage: ______________________________

Rechnung: ______________________________

Antwort: ______________________________

Doppelte Mitlaute

Welche Wörter fehlen hier? Schreibe sie auf.
Tipp: Nach einem kurzen Selbstlaut wird der folgende Mitlaut verdoppelt.

Nicht rau, sondern ______________.

Nicht hungrig, sondern ______________.

Nicht geschlossen, sondern ______________.

Nicht leer, sondern ______________.

Nicht langsam, sondern ______________.

Nicht dick, sondern ______________.

Bilde Wörter und schreibe sie auf.

Brunnen, ______________________________

____

Subtraktion

Wie heißen die Ergebnisse? Trage sie ein.

756 – 258 = ______________

69 142 – 43 702 = ______________

963 117 – 874 561 = ______________

694 – 555 = ______________

9 634 – 4 123 = ______________

5 613 – 2 114 = ______________

7 717 – 2 212 = ______________

Für Profis: Bilde aus den Ziffern 3, 8, 6, 1, 9 und 7 die größtmögliche Zahl. Ziehe von dieser die sechsstellige Zahl ab, die entsteht, wenn man nur die Ziffer 1 benutzt. Wie heißt die Ergebniszahl?

Frage: ______________

Rechnung: ______________

Antwort: ______________

Nach Silben lesen

• Hier sind vier Wörter durcheinander geraten. Setze die Silben wieder zusammen und lies die Wörter laut.

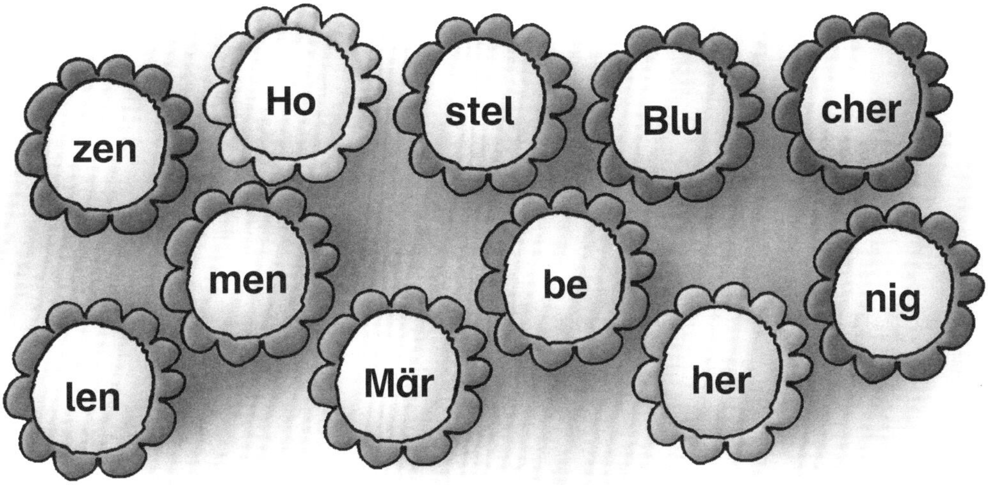

____

____

•• Lies die Wörter und klatsche bei jeder Silbe.

Wiesenblumenbewunderer
Gänseblümchenpflücker
Honigbienenzüchterverein
Nordseeküstenkutterfahrer
Baustellenbaggerlenker

Multiplikation

Rechne aus. Tipp: Wenn du mit 2 multiplizierst, ist das Ergebnis immer das Doppelte. Umkreise das höchste Ergebnis mit Rot.

Welche Griffe passen zueinander? Fahre jeweils das Seil nach. Schreibe das Ergebnis in den Griff.

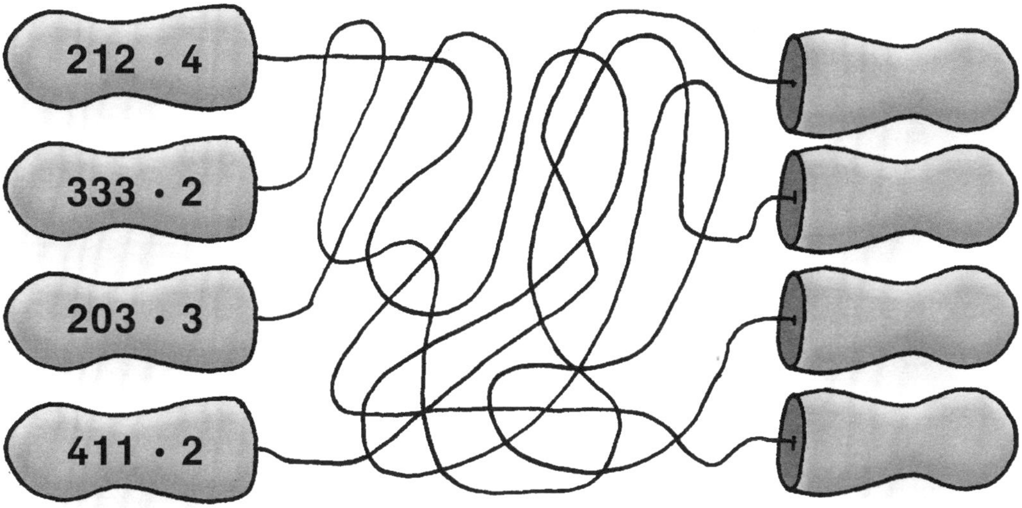

Wörter mit ß

Auf jedem Ball fehlt der gleiche Buchstabe.
Kannst du ihn eintragen? Wie spricht man den Selbstlaut vor diesem Buchstaben?

Finde die fünf Wörter mit ß.

b	f	r	o	p	a	n	m	b
r	s	r	l	t	o	ß	b	g
g	i	e	ß	e	n	f	e	s
h	k	w	e	i	ß	j	i	u
e	h	h	ß	f	r	t	ß	z
i	t	g	r	l	ß	k	e	m
ß	f	l	i	e	ß	e	n	i

Division

Verbinde die Aufgaben mit den richtigen Lösungen.

4578 : 7 ______	357
882 : 6 ______	654
1428 : 4 ______	147
1845 : 5 ______	951
7608 : 8 ______	369

Löse die Aufgaben und ordne den passenden Pinsel zu.

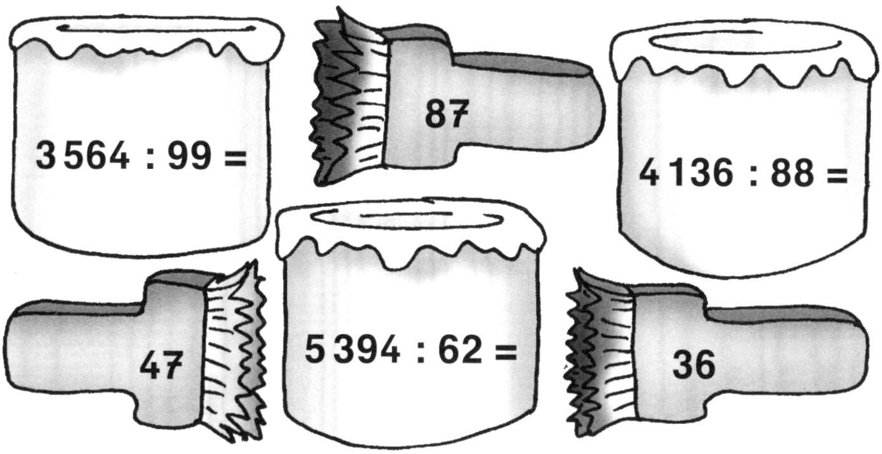

Wörter mit ss

Die Schlossgeister Lilly und Konrad sammeln Wörter.
Trage entweder s oder ss ein.

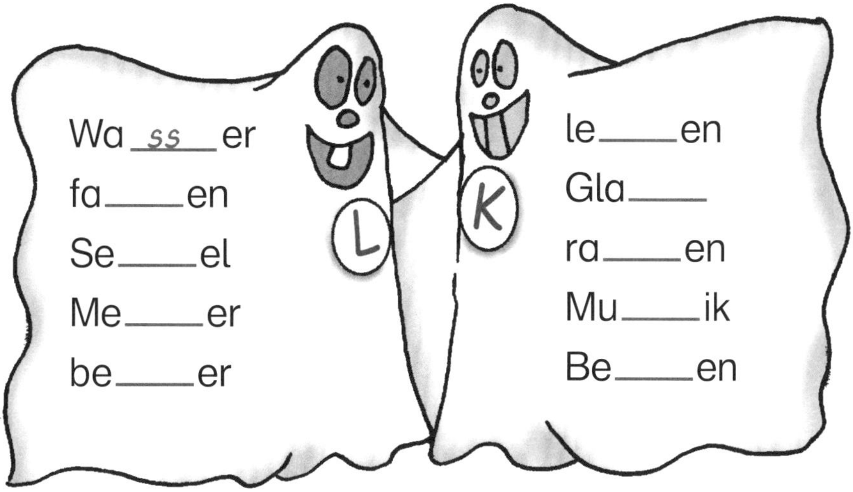

Tipp: Nach einem kurzen Selbstlaut folgt ss,
z. B. essen, aufpassen, müssen.

Finde die passenden Namenwörter.
Schreibe sie mit Artikel auf.

blass – die Blässe	küssen – ______
nass – ______	hassen – ______
wässrig – ______	wissen – ______

Das Vielfache von Zahlen

Kannst du die Tabellen richtig ausfüllen?

	das Vierfache	das Achtfache
1 · 4 =	4 · 4 =	8 · 4 =
1 · 6 =		
1 · 7 =		
1 · 5 =		
1 · 3 =		
1 · 9 =		
1 · 8 =		
1 · 2 =		

Tunwörter und Wiewörter

Finde passende Tunwörter und Wiewörter.

Anja ______________ das ______________ Fell der ______________ Kaninchen. Dann ______________ sie mit dem ______________ Hund. Er ______________ hinter dem Stöckchen her. Zum Schluss ______________ Anja die ______________ Katzen mit Milch.

Zusammengesetzte Wiewörter beschreiben eine Eigenschaft genauer. Verbinde und schreibe auf.

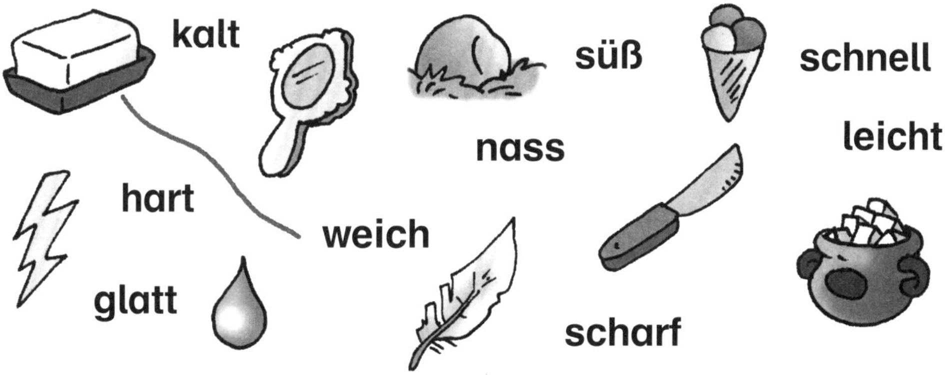

butterweich, ____

____

Multiplikation mit mehrstelligen Zahlen

• Finde die fehlenden Zahlen und rechne aus.

5721 · 13	232 · 35
2 1	9 6
6 3	

•• Auf einem Parkplatz stehen viele Lastwagen.
Wie viele kg wiegen sie? Trage die Ergebnisse ein.

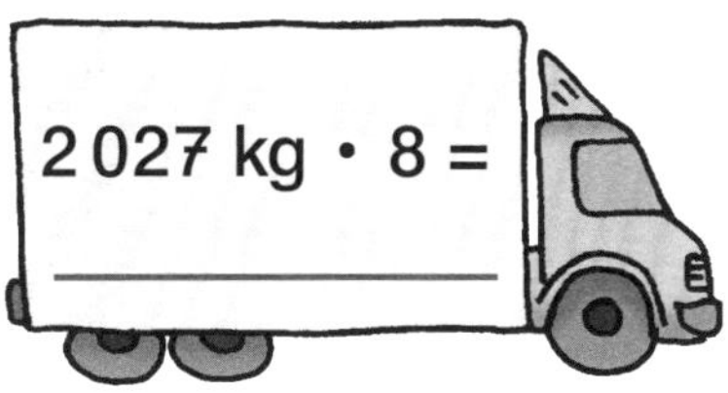

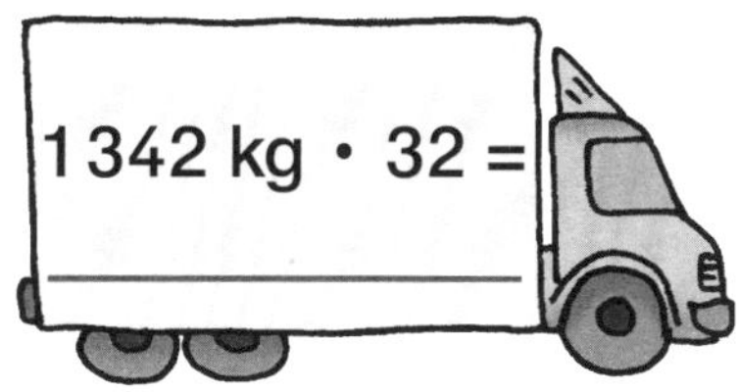

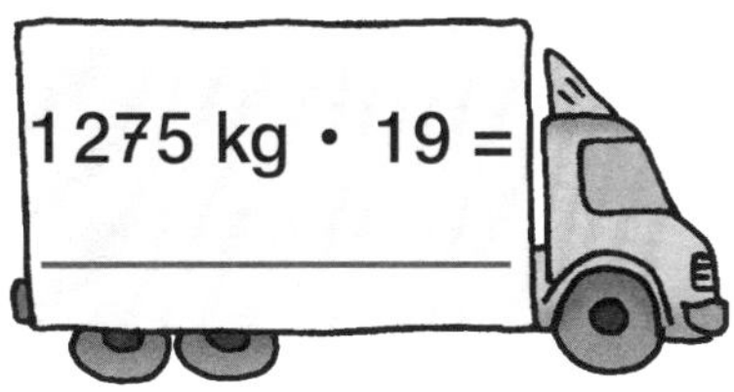

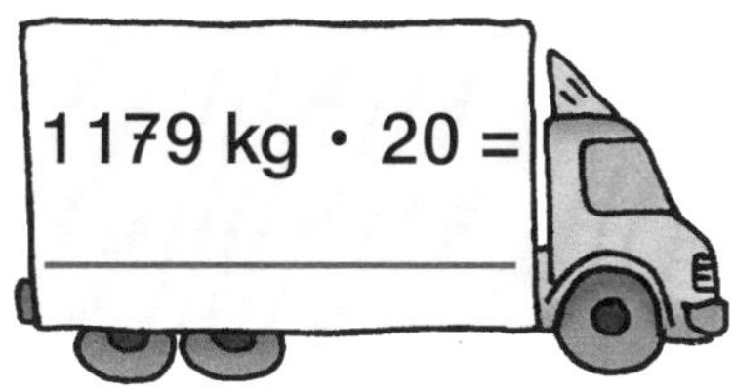

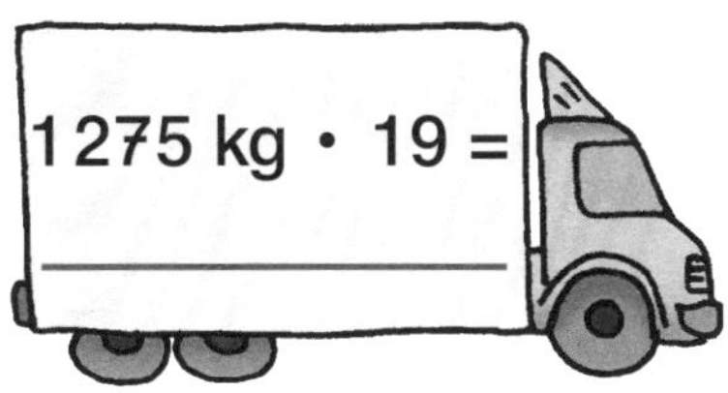

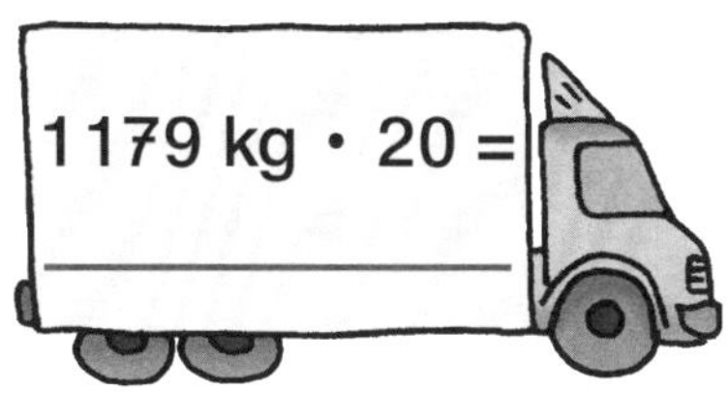

Dehnung mit ie

Kannst du die rückwärts geschriebenen Wörter richtig aufschreiben? *Tipp:* ie wird immer lang gesprochen.

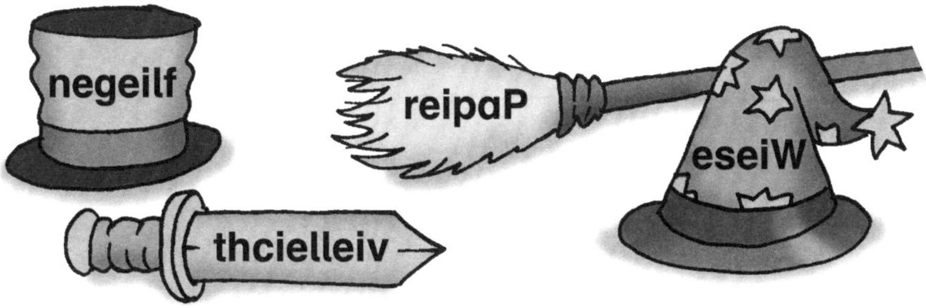

Kannst du die fehlenden Wörter mit ie eintragen?

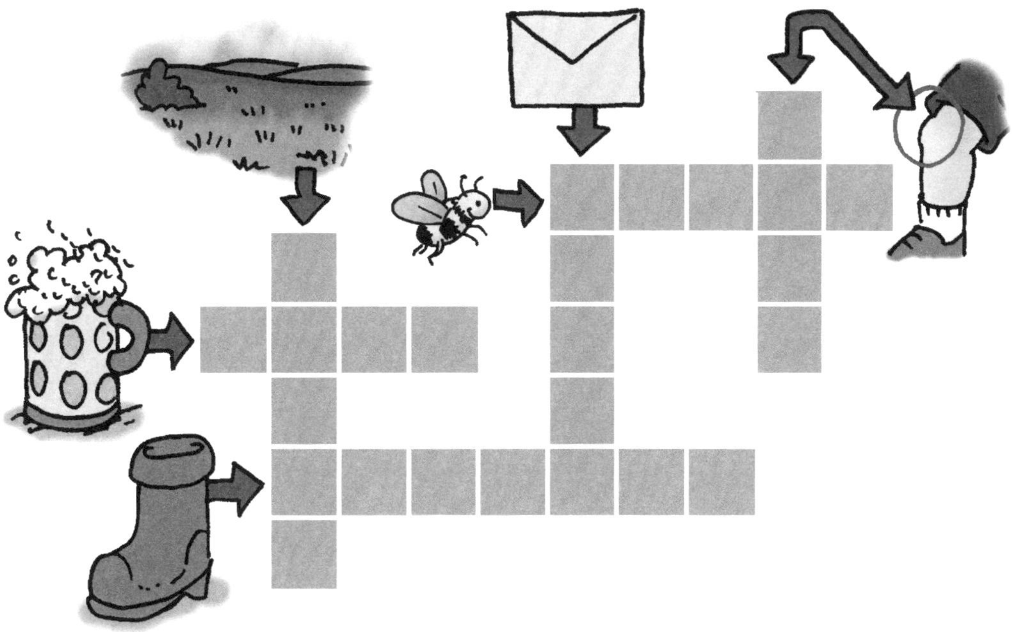

Textaufgaben (g/kg)

● Tina füttert ihre Pferde jeden Tag mit 4 kg Hafer, 5 kg Heu und 2 kg Möhren.
Wie viele kg Futter sind es in einer Woche?
Rechne das Ergebnis in g um.

Frage: ____

Rechnung: ____

____

Antwort: ____

Tipp: 1 000 g (Gramm) = 1 kg (Kilogramm)

●● Tinas Vater hat 100 Ballen Stroh und 85 Ballen Heu bestellt. Ein Ballen wiegt 18 kg.
Wie viel wiegen alle Ballen?

Frage: ____

Rechnung: ____

Antwort: ____

Dehnung mit h

Trage die Wörter ein. Die Buchstaben in den gelben Kästchen ergeben das Lösungswort.
Tipp: Das h steht nach einem langen Selbstlaut.

Mit einem Auto kann man …

Er arbeitet in der Schule

Eine Jahreszeit

An den Füßen trägst du

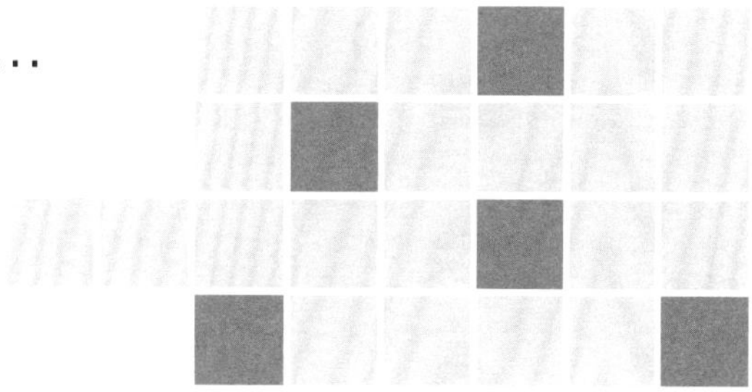

Lösungswort: eine 

Schreibe die Wörter in die richtige Spalte.

ah	eh	oh	uh
Fahrt			

Division mit Rest

Rechne in deinem Heft.

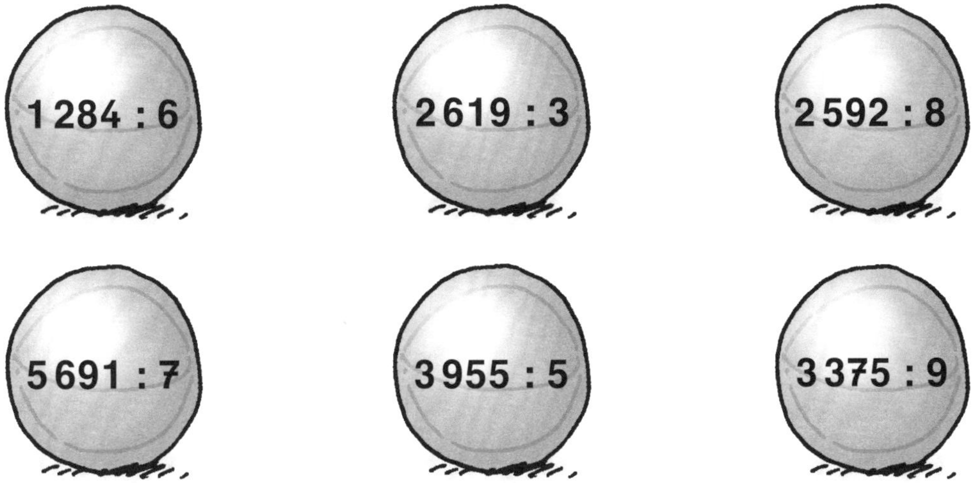

Diese Aufgaben gehen nicht auf.
Schreibe den Rest hinter das Ergebnis.

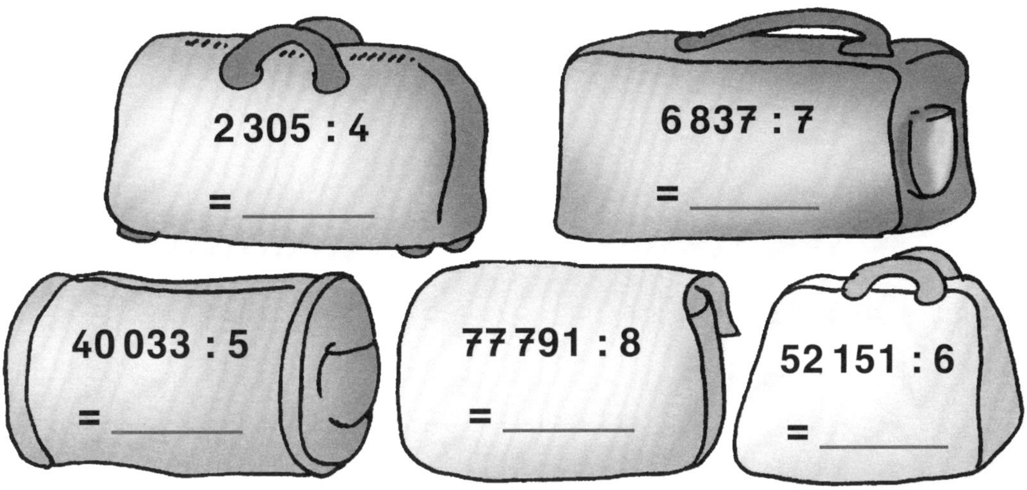

Wörter mit ck

● Ordne die Wörter nach der Anzahl ihrer Buchstaben. Schreibe sie auf. *Tipp:* ck steht nach einem kurz gesprochenen Selbstlaut. Welches Wort bleibt übrig?

______ ______ ______

●● Findest du die Reimwörter?

packen	schlucken	drücken
h______	sp______	b______
b______	z______	R______

Textaufgaben (ml/l)

• Tina verquirlt für ein Glas Bananenmilch eine Banane und $\frac{1}{4}$ l (250 ml) Milch.
Wie viel Milch braucht sie, wenn sie vier Gläser mixen will? Rechne in l um.

Frage: ______________________________

____

Rechnung: ______________________________

Antwort: ______________________________

•• Tina hat 5 l Apfelsaftschorle gemacht.
Die besteht zur Hälfte aus Wasser und zur anderen Hälfte aus Apfelsaft.
Rechne aus, wie viel Saft Tina verwendet hat.

Frage: ______________________________

____

Rechnung: ______________________________

Antwort: ______________________________

Wortfelder

Unterstreiche die Verben, die du anstelle von sagen verwenden kannst.

rufen	schweigen	flüstern
berichten	essen	erzählen
laufen	schreien	fragen
schimpfen	fühlen	weinen

Benutze bei deinen Geschichten unterschiedliche Begriffe. Findest du ähnliche Wörter für gehen?

gehen – ______________________________

____

____

____

Gemischte Aufgaben

• Zu jedem Ergebnis passen mehrere Aufgaben. Verbinde.

324 288 364

$28 \cdot 13$

$26 \cdot 14$ $18 \cdot 16$ $36 \cdot 8$ $12 \cdot 27$

$36 \cdot 9$ $81 \cdot 4$ $72 \cdot 4$ $52 \cdot 7$

•• Rechne im Heft. Was fällt dir auf?

1001 : 13

10010 : 130

5005 : 65

?

2002 : 26

6006 : 78

8008 : 104

a – ä/au – äu

● Trage die Wörter in der Mehrzahl ein.

 *ein Haus* ____________  *vier Häuser* ____________

 ____________  ____________

 ____________  ____________

 ____________  ____________

 ____________  ____________

●● Verbinde jedes Wort mit dem passenden Stern.
Trage dann den Buchstaben ein. *Tipp:* Wörter, die man mit ä oder äu schreibt, haben oft ein verwandtes Wort mit a oder au.

R____me

Str____nd

Tr____me

F____ste

Lösungen

Seite 83

Für dein Ende erhältst du 4 Punkte.
☺ 4 Punkte
Gesamtpunktzahl: 4 Punkte

Seite 84

lugt – spähen – entdeckt – schaut – beobachtet – erblickt – anstarrt
Antwort: Gunno sieht sein Spiegelbild.
Für jedes eingesetzte Wort erhältst du 1 Punkt. Für die richtige Antwort bekommst du ebenfalls 1 Punkt.
☺ 8 Punkte
Gesamtpunktzahl: 8 Punkte

Seite 85

Lösungsmöglichkeit:
Plötzlich – Auf einmal – Sofort – Nun – Jetzt – Kurz danach – Schließlich
Für jeden neuen Satzanfang erhältst du 1 Punkt.
☺ 7 Punkte
Gesamtpunktzahl: 7 Punkte

Seite 86

Der Trainer schreit: „Gib endlich den Ball ab!"
Der Arzt meint: „Das Bein ist gebrochen!"
Der Bauer schimpft: „Die ganze Ernte ist kaputt!"
Die Kellnerin fragt: „Was möchten Sie trinken?"
Die Lehrerin erklärt: „2 plus 2 ist 4."
Die Kinder lachen: „Endlich sind Ferien!"
Das Publikum jubelt: „Das Konzert war super!"
Für jeden richtig abgeschriebenen Satz mit den passenden Satzzeichen bekommst du 1 Punkt.
☺ 7 Punkte
Gesamtpunktzahl: 7 Punkte

Seite 87

Im Wald packt Tina ihren Rucksack aus und breitet alle Leckerbissen auf der Decke aus: Kekse, Zwieback, eine Schüssel Quark, Schneckennudeln und Gebäck. „Schmeckt das lecker!", ruft Jan. Tina leckt sich die Zunge ab: Die Zuckerkringel mag sie gern. Jan trinkt glücklich einen Schluck Limo.
Für jedes richtig ergänzte Wort bekommst du einen halben Punkt.
☺ 8 Punkte

die Schatztruhe, das Blitzlicht, die Spritzpistole, der Fußballplatz, das Satzzeichen, der Witzbold
Für jedes richtig zusammengesetzte Wort mit passendem Begleiter erhältst du einen halben Punkt.
☺ 3 Punkte
Gesamtpunktzahl: 11 Punkte

Seite 88

Lösungsmöglichkeit:
die Kuh – der Schuh, der Hahn – der Zahn (auch möglich: der Wahn, der Kahn, die Bahn), gehen – stehen (auch möglich: drehen, wehen)
Für jedes richtige Reimwort erhältst du 1 Punkt.
☺ 3 Punkte

fahren, stehlen (oder: stehen), drehen, kehren, stehen, zählen, fehlen, mahnen (oder: mahlen), sehen, mähen
Für jedes richtige Tunwort bekommst du einen halben Punkt.
☺ 5 Punkte
Gesamtpunktzahl: 8 Punkte

Seite 89

Fuß, Stoß, Schoß, Nuss, Kuss, Floß, Schloss, Hass, Fass, Gruß, Schluss, Ross
Für jedes richtige Wort bekommst du einen halben Punkt.
☺ 6 Punkte

Für jeden Satz bekommst du 1 Punkt.
☺ 5 Punkte
Gesamtpunktzahl: 11 Punkte

Seite 90

feuerrot, pechschwarz, grasgrün, schneeweiß, himmelblau, zitronengelb.
Für jedes richtig zusammengesetzte Wiewort erhältst du 1 Punkt.
☺ 5 Punkte

das Tischbein, die Fahrradpumpe, die Haustür, der Regenschirm
Für jedes richtig zusammengesetzte Namenwort erhältst du 1 Punkt.
☺ 4 Punkte
Gesamtpunktzahl: 9 Punkte

Seite 91

wegfahren, befahren, abfahren, überfahren, fahren, Fahrt, Fahrzeug, Fahrer
verlaufen, weglaufen, überlaufen, ablaufen, laufen, Laufband, Laufsteg, Laufstall
Für jedes richtige Wort erhältst du einen halben Punkt.
☺ 8 Punkte

gute Fahrt – Das Fahrzeug – verlaufen
Für jedes richtig eingesetzte Wort erhältst du 1 Punkt.
☺ 3 Punkte
Gesamtpunktzahl: 11 Punkte

Seite 92

die Mutter, das Futter, die Kutte (oder der Kutter), die Matte, die Butter, die Mitte, die Latte, der Gatte (oder das Gatter)
Für jedes richtige Wort erhältst du 1 Punkt.
☺ 8 Punkte

Lösungsmöglichkeit:
Schwamm: Lamm, Kamm, Damm;
wissen: Kissen, Bissen, vermissen, verbissen;
essen: messen, fressen;
Mappe: Kappe, Pappe;
summen: brummen;
Kanne: Pfanne, Wanne, Tanne
Für jedes richtige Reimwort erhältst du einen halben Punkt.
☺ 3 Punkte
Gesamtpunktzahl: 11 Punkte

Seite 93

Ich habe den Schatz in Omas Keller gelegt.
Für den richtigen Lösungssatz erhältst du 4 Punkte.
☺ 4 Punkte

Für jeden fehlerfrei gelesenen Zungenbrecher erhältst du 2 Punkte.
☺ 6 Punkte
Gesamtpunktzahl: 10 Punkte

Seite 94

Für jeden fehlerfrei gelesenen Abschnitt erhältst du 2 Punkte.
☺ 8 Punkte
Gesamtpunktzahl: 8 Punkte

Seite 95

Ein afrikanisches Kind
Ein Indianerkind
Ein Inuitkind
Ein Zirkuskind
Ein deutsches Kind
Drücken beim Spielen die Hände in Lehm
Und nun sag mir:
Welche Hand ist von wem?
Für jede richtige Zeile des Gedichts erhältst du einen halben Punkt.
☺ 4 Punkte

Für das selbst geschriebenes Gedicht bekommst du 4 Punkte.
☺ 4 Punkte
Gesamtpunktzahl: 8 Punkte

Lösungen

Seite 96

Text 1: Susi und Karim wollen heute ins Freibad. Die Sonne scheint, als die beiden sich auf ihre Räder schwingen und losfahren. Der Eintritt ist für Schulkinder kostenlos. Kaum angekommen, macht es sich Karim auf seinem Badetuch bequem und liest ein spannendes Buch. Susi nimmt den Wasserball, bläst ihn auf und springt sofort ins Wasser. „Uh, ist das kalt!“, kreischt sie und schwimmt zügig eine Bahn.
Text 2: Auf dem Weg zur Schule beginnt Jans Herz wild zu klopfen. Heute findet das Fußballspiel gegen die 4a statt. Herr Sommer, der Sportlehrer, hat mit der aufgestellten Mannschaft fleißig trainiert. Alle Schüler fiebern dem Spiel mit großer Spannung entgegen. Schließlich winkt der Siegerklasse ein ganz besonderer Preis. „Eine Klassenfahrt nach Italien – das wär's“, träumt Jan und hofft auf den Sieg.
Für jeden richtig unterstrichenen Satz erhältst du einen halben Punkt.
☺ 6 Punkte
Gesamtpunktzahl: 6 Punkte

Seite 97

ich lache	wir lachen
du lachst	ihr lacht
er, sie, es lacht	sie lachen

Für jedes richtige eingesetzte Tunwort erhältst du einen halben Punkt.
☺ 3 Punkte

du singst/ich flöte/wir kämpfen/ er, sie, es schläft/ihr schreibt
Für jedes richtig eingesetzte Tunwort erhältst du 1 Punkt.
☺ 5 Punkte
Gesamtpunktzahl: 8 Punkte

Seite 98

-heit: die Dunkelheit, die Schönheit, die Sicherheit
-keit: die Tapferkeit, die Übelkeit, die Sauberkeit
Für jedes richtige Wort erhältst du einen halben Punkt.
☺ 3 Punkte

Hass: hässlich, Schmutz: schmutzig, Herz: herzlich (oder herzig, herzhaft), Spaß: spaßig, Zorn: zornig, Wut: wütend
Für jedes richtige Wort bekommst du einen halben Punkt.
☺ 3 Punkte
Gesamtpunktzahl: 6 Punkte

Seite 99

gehen, er geht, er ging
rufen, er ruft, er rief
schreiben, er schreibt, er schrieb
fahren, er fährt, er fuhr
springen, er springt, er sprang
frieren, er friert, er fror
fressen, er frisst, er fraß
dürfen, er darf, er durfte
können, er kann, er konnte
singen, er singt, er sang
Für jede richtige Reihe erhältst du 1 Punkt.
☺ 10 Punkte
Gesamtpunktzahl: 10 Punkte

Seite 100

Malt Philipp ein Bild?/Ein Bild malt Philipp.
Für jeden richtig umgestellten Satz erhältst du 1 Punkt.
☺ 2 Punkte

Im Museum wurde gestern von einem Unbekannten ein Kunstwerk gestohlen.
Wo? im Museum
Wann? gestern
Von wem? von einem Unbekannten
Was? ein Kunstwerk

Kommissar Klein war sofort an Ort und Stelle.
Wer? Kommissar Klein
Wann? sofort
Wo? an Ort und Stelle
Für jede richtig beantwortete Frage erhältst du 1 Punkt.
☺ 7 Punkte
Gesamtpunktzahl: 9 Punkte

Seite 101

a) Der Kühlschrank, b) Stefanie, c) sie, d) Anna, e) Das Eis, f) sie
Für jedes richtig unterstrichene Subjekt erhältst du einen halben Punkt.
☺ 3 Punkte

hängen, vergisst, liest, klettere, kochte, singen, spielt, machen
Für jedes unterstrichene Prädikat bekommst du einen halben Punkt.
Für jeden eigenen Satz erhältst du einen halben Punkt.
☺ 8 Punkte
Gesamtpunktzahl: 11 Punkte

Seite 102

76 456, 76 564, 412 376, 412 475, 512 346, 514 233, 672 345, 673 345, 867 362, 868 362
Für jede richtig geordnete Zahl erhältst du einen halben Punkt.
☺ 5 Punkte

kleinstmögliche Zahl: 235 678
größtmögliche Zahl: 876 532
Für jede richtige Zahl bekommst du 1 Punkt.
☺ 2 Punkte

112 403, 112 503, 112 603, 112 703
402 905, 403 005, 403 105, 403 205
872 915, 873 015, 873 115, 873 215
Für jede richtige Zahlenreihe erhältst du 1 Punkt.
☺ 3 Punkte
Gesamtpunktzahl: 10 Punkte

Seite 103

HT	ZT	T	H	Z	E
		3	4	6	1
	2	5	6	1	7
	8	9	3	1	3
4	6	0	0	2	8
1	1	2	3	4	0

Für jede richtige Zahl erhältst du 1 Punkt.
☺ 4 Punkte

690 759, sechshundertneunzigtausendsiebenhundertneunundfünfzig
Für das richtige Ergebnis und das richtig geschriebene Wort erhältst du jeweils 2 Punkte.
☺ 4 Punkte
Gesamtpunktzahl: 8 Punkte

Seite 104

E:	23 864	23 865	23 866
H:	23 800	23 900	24 000
T:	22 000	23 000	24 000
E:	101 998	101 999	102 000
Z:	56 870	56 876	56 880

Für jede richtige Zeile erhältst du 1 Punkt.
☺ 5 Punkte

56 721 > 56 621
24 576 > 23 599
98 765 < 99 569
234 567 > 233 657

678 933 = 678 933
458 973 < 458 979
143 507 > 141 599
654 321 > 569 321
Für jedes richtige Zeichen erhältst du einen halben Punkt.
☺ 4 Punkte
Gesamtpunktzahl: 9 Punkte

Lösungen

Seite 105

8 349 + 1 964 + 399 = 10 712
672 + 3 405 + 96 = 4 173
8 300 – 2 519 – 376 = 5 405
6 000 – 4 213 – 1 630 = 157
4 502 + 897 + 1 374 = 6 773
7 241 + 1 234 + 897 = 9 372
6 524 – 2 341 – 1 467 = 2 716
8 812 – 429 – 3 507 = 4 876
Lösungsbild: Fisch
Für jedes richtige Ergebnis erhältst du 1 Punkt.
☺ 8 Punkte
Gesamtpunktzahl: 8

Seite 106

Frage: Wie viele Karten wurden verkauft?
Rechnung: 54 267 – 281 = 53 986
Antwort: Es wurden 53 986 Karten verkauft.
Für Frage, Rechnung und Antwort erhältst du je 1 Punkt.
☺ 3 Punkte

Frage: Wie viele Zuschauerplätze hat das Olympiastadion in Berlin?
Rechnung: 54 267 + 19 953 = 74 220
Antwort: Das Olympiastadion in Berlin hat 74 220 Zuschauerplätze.
Für Frage, Rechnung und Antwort erhältst du je 1 Punkt.
☺ 3 Punkte
Gesamtpunktzahl: 6 Punkte

Seite 107

Überschlag: 21 600 € + 1 300 € = 22 900 €
Antwort: Das Geld reicht nicht.
Für Überschlag und Antwort erhältst du je 1 Punkt.
☺ 2 Punkte

Überschlag: 37 700 € + 23 000 € = 60 700 €
Antwort: Herr Jung kann sich das Auto kaufen.
Für Überschlag und Antwort erhältst du je 1 Punkt.
☺ 2 Punkte

Überschlag: 3 500 € – 600 € – 2 800 € = 100 €
Antwort: Frau Müller reichen ihre Ersparnisse.
Für Überschlag und Antwort bekommst du je 1 Punkt.
☺ 2 Punkte
Gesamtpunktzahl: 6 Punkte

Seite 108

736 • 52 = 38 272 | 2 385 : 9 = 265
911 • 48 = 43 728 | 4 180 : 4 = 1 045
2 502 • 3 = 7 506 | 4 806 : 6 = 801
1 046 • 7 = 7 322 | 4 265 : 5 = 853
2 008 • 9 = 18 072 | 480 : 60 = 8
371 • 53 = 19 663 | 2 740 : 20 = 137
825 • 305 = 251 625 | 3 660 : 12 = 305
Lösungsbild: Buchstabe M
Für jede richtige Lösung erhältst du einen halben Punkt.
☺ 7 Punkte
Gesamtpunktzahl: 7 Punkte

Seite 109

Frage: Wie viel € muss Familie Schmidt bezahlen?
Rechnung:
4 • 1 870 € = 7 480 €
4 • 1 190 € = 4 760 €
7 480 € + 4 760 € = 12 240 €
Antwort: Familie Schmidt muss 12 240 € bezahlen.
Für Frage, Rechnung und Antwort erhältst du je 1 Punkt.
☺ 3 Punkte

Frage: Wie viel € kostet der Urlaub?
Rechnung:
45 € • 4 = 180 €
120,50 € • 4 = 482 € (Hin- und Rückfahrt)
180 € + 482 € = 662 €
Antwort: Der Urlaub kostet 662 €.
Für Frage, Rechnung und Antwort erhältst du je 1 Punkt.
☺ 3 Punkte
Gesamtpunktzahl: 6 Punkte

Seite 110

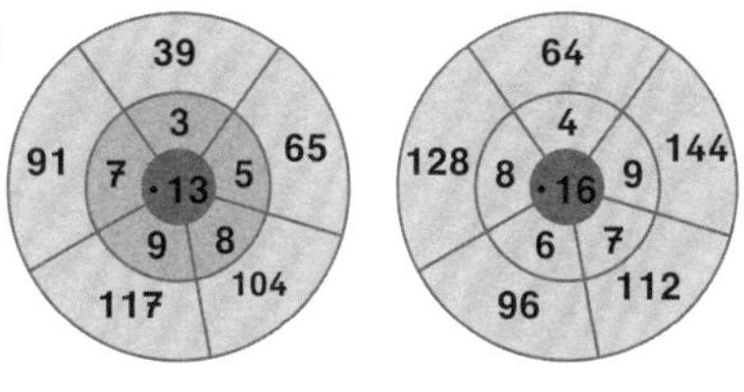

Für jeden richtigen Rechenkreis erhältst du 2 Punkte.
☺ 4 Punkte

•	11	12	14	15	17
6	66	72	84	90	102
7	77	84	98	105	119
8	88	96	112	120	136
9	99	108	126	135	153
10	110	120	140	150	170

Für jede richtig ausgefüllte Zeile erhältst du 2 Punkte.
☺ 10 Punkte
Gesamtpunktzahl: 14

Seite 111

Teiler von 18: 1, 2, 3, 6, 9, 18
Teiler von 32: 1, 2, 4, 8, 16, 32
Für jeden richtigen Teiler erhältst du einen halben Punkt.
☺ 6 Punkte

Lösungswort: RICHTIG
Für das richtige Lösungswort bekommst du 3 Punkte.
☺ 3 Punkte
Gesamtpunktzahl: 9 Punkte

Seite 112

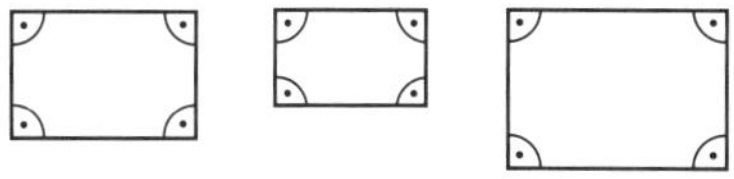

Für jedes Rechteck erhältst du 2 Punkte.
☺ 6 Punkte

Für deine Kreisfigur erhältst du 3 Punkte.
☺ 3 Punkte

Für diese Aufgabe bekommst du 2 Punkte.
☺ 2 Punkte
Gesamtpunktzahl: 11 Punkte

Seite 113

Für jede Figur, die du richtig nachgelegt hast, bekommst du einen halben Punkt.
☺ 2 Punkte

Länge eines Streichholzes: 4,5 cm
Umfang Quadrat (8 Streichhölzer):
8 • 4,5 cm = 36 cm
Umfang Buchstabe T (12 Streichhölzer):
12 • 4,5 cm = 54 cm
Umfang Kreuz (12 Streichhölzer):
12 • 4,5 cm = 54 cm
Umfang Rechteck (12 Streichhölzer):
12 • 4,5 cm = 54 cm
Das Kreuz, das Rechteck und der Buchstabe T haben denselben Flächenumfang.
Für jeden richtig berechneten Flächenumfang erhältst du 1 Punkt. Für den richtigen Antwortsatz erhältst du 1 Punkt.
☺ 5 Punkte
Gesamtpunktzahl: 7 Punkte

Lösungen

Seite 114

● 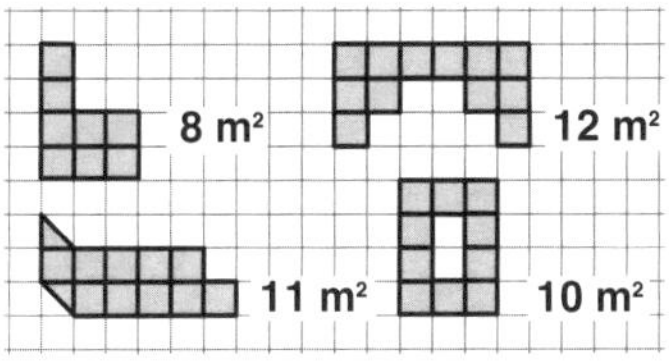

Für jeden richtig bestimmten Flächeninhalt bekommst du 1 Punkt.
☺ 4 Punkte

●● Lösungsmöglichkeit:

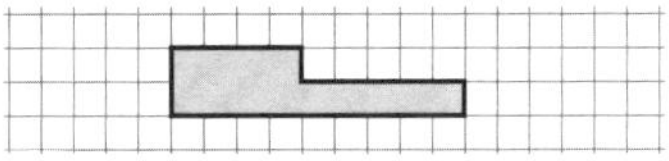

Für deine Figur bekommst du 2 Punkte.
☺ 2 Punkte
Gesamtpunktzahl: 6 Punkte

Seite 115

● 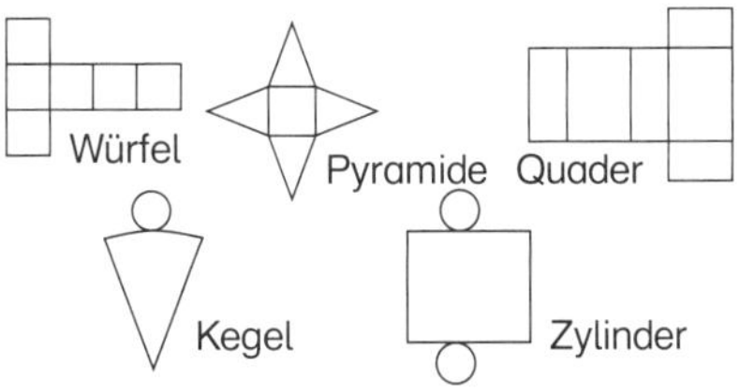

Für jedes richtig zugeordnete Wort erhältst du 1 Punkt.
☺ 5 Punkte

●● unten: 5 unten: 6
links: 3 links: 2
hinten: 1 hinten: 3
Für jede richtige Augenzahl erhältst du einen halben Punkt.
☺ 3 Punkte
Gesamtpunktzahl: 8 Punkte

Seite 116

● 1 h – 60 min, 180 min – 3 h, 90 min – 1,5 h, 30 s – 0,5 min, 250 min – 4 h 10 min
☺ 5 Punkte

●● a) 7.35 Uhr ⟶ 10.05 Uhr
2 h 30 min = 150 min
b) 13.10 Uhr ⟶ 18.30 Uhr
5 h 20 min = 320 min
c) 14.15 Uhr ⟶ 15.35 Uhr
1 h 20 min = 80 min = 4800 s
d) 6.45 Uhr ⟶ 21.00 Uhr
14 h 15 min = 840 min + 15 min = 855 min
Für jede richtige Antwort erhältst du 1 Punkt.
☺ 4 Punkte
Gesamtpunktzahl: 9 Punkte

Seite 117

● a) 14, b) 2, c) 60, d) 8, e) 20
Für jede richtige Antwort erhältst du 1 Punkt.
☺ 5 Punkte

●● 403 kg + 597 kg 68 kg + 932 kg
513 kg + 487 kg 108 kg + 892 kg
Für jede richtige Lösung erhältst du 1 Punkt.
☺ 4 Punkte
Gesamtpunktzahl: 9 Punkte

Seite 118

● Eimer: 10 l, Kofferraum: 480 l, Milchtüte: 1 l, Tasse: 0,25 l
Für jede richtige Zuordnung erhältst du 1 Punkt.
☺ 4 Punkte

●● Für jeden Gegenstand erhältst du 1 Punkt.
☺ 5 Punkte
Gesamtpunktzahl: 9 Punkte

Seite 119

● Frage: Wie viel Saft muss Felix kaufen?
Rechnung: 4 • 0,25 l = 1 l, 1 l • 16 = 16 l
Antwort: Felix muss 16 l Saft kaufen.
Für Frage, Rechnung Antwort erhältst du jeweils 1 Punkt.
☺ 3 Punkte

●● Frage: Wie oft muss Anne laufen bis das Becken gefüllt ist?
Rechnung: 180 l : 10 l = 18
Antwort: Anne muss 18-mal laufen.
Für Frage, Rechnung und Antwort erhältst du jeweils 1 Punkt.
☺ 3 Punkte
Gesamtpunktzahl: 6 Punkte

Seite 121

● Kuh, Sahne, Spiel, Buch, Angel, Schaf, Uhr, Lied; Lösungsbild: Fisch

●● die Ähnlichkeit, die Erinnerung, die Krankheit, die Tapferkeit

Seite 122

● Peter: 160 + 50 + 200 + 50 + 180 = 640
Anna: 10 + 140 + 140 + 10 = 300
Doris: 40 + 150 + 180 + 90 + 190 = 650

Seite 123

● Schnecke – langsam, Eichhörnchen – flink, Elefant – grau, Löwe – stark, Maus – klein

●● Einbrecher – gefährlich, Wiese – grün, Licht – hell
Der Einbrecher ist gefährlich.
Die Wiese ist grün.
Das Licht ist hell.

Seite 124

●

•	5	3	2	9	7
3	15	9	6	27	21
4	20	12	8	36	28
9	45	27	18	81	63
5	25	15	10	45	35
6	30	18	12	54	42
8	40	24	16	72	56

●●

•	7	9	4	8	6
3	21	27	12	24	18
6	42	54	24	48	36
4	28	36	16	32	24
5	35	45	20	40	30
7	49	63	28	56	42
8	56	72	32	64	48

Seite 125

● ziehen, gehen, singen, hören, sehen, niesen

●● zwitschert, bellt, miaut

Seite 126

● a) Frage: Wie viel wiegen die Waffeln?
Rechnung: 15 • 100 g = 1500 g = 1,5 kg
Antwort: Die Waffeln wiegen 1,5 kg.
b) Frage: Wie viel Gramm wiegen die restlichen Waffeln?
Rechnung: 2 • 100 g = 200 g, 1500 g – 200 g = 1300 g
Antwort: Die Waffeln wiegen 1300 g (1,3 kg).

Seite 127

● träumen – Traum, Käufer – kaufen, Gebäude – bauen, läuten – Laut, Räuber – rauben

●● Bäume, Mäuse, geträumt, eingezäunt

Seite 128

● 138 : 6 = 23, 165 : 5 = 33, 182 : 7 = 26
288 : 9 = 32, 492 : 4 = 123, 125 : 5 = 25
366 : 3 = 122, 272 : 8 = 34

●● Durch zwei teilbar sind: 32, 26, 122, 34

Lösungen

Seite 129

Wen beobachtet er? Wen sieht er?

Beeil dich!
Wie geht es dir?
Er schreibt einen Brief.
Wo ist meine Jacke?
Komm doch endlich!

Seite 130

+	:
–	•
:	+
–	:
•	–
•	–
:	+

1 000 – 458 = 542	540 : 18 = 30
542 – 202 = 340	3 • 70 = 210
300 : 5 = 60	210 + 666 = 876
60 • 9 = 540	876 + 124 = 1 000

Seite 131

6 • 10 + 6 • 6 = 60 + 36 = 96
2 • 10 + 2 • 4 = 20 + 8 = 28
7 • 10 + 7 • 9 = 70 + 63 = 133
4 • 10 + 4 • 6 = 40 + 24 = 64
8 • 10 + 8 • 8 = 80 + 64 = 144
10 • 10 + 10 • 9 = 100 + 90 = 190
9 • 10 + 9 • 8 = 90 + 72 = 162

Seite 132

Du musst alle M wegstreichen.
Lösungswort: Theodor

waagrecht: Kette, Schloss
senkrecht: Gespenst
diagonal: Geist

Seite 133

17 000
177 000
77 000
717 000
73 000

=	>
<	>
>	>

Seite 134

Schneesturm, Beerenkuchen, Seehund

waagrecht: Zoo, Saal, Moos
senkrecht: Paar, Klee

Seite 135

6 889	98 870
522 028	589 342

Frage: Wie viele km sind es insgesamt?
Rechnung: 750 km + 1 200 km + 1 140 km = 3090 km
Antwort: Es sind insgesamt 3 090 km.

Seite 136

glatt
satt
offen
voll
schnell
dünn

Kette, Sonntag, Lippe, Affe, Schwamm

Seite 137

498
25 440
88 556
139
5 511
3 499
5 505

Frage: Wie heißt die Ergebniszahl?
Rechnung: 987 631 – 111 111 = 876 520
Antwort: Die Zahl heißt 876 520.

Seite 138

Märzenbecher, herstellen, Blumen, Honig

Wie – sen – blu – men – be – wun – de – rer
Gän – se – blüm – chen – pflü – cker
Ho – nig – bie – nen – züch – ter – ver – ein
Nord – see – küs – ten – kut – ter – fah – rer
Bau – stel – len – bag – ger – len – ker

Seite 139

332 • 3 = (996)
210 • 2 = 420
432 • 2 = 864
102 • 4 = 408
233 • 3 = 699

212 • 4 = 848
333 • 2 = 666
203 • 3 = 609
411 • 2 = 822
Griffe von oben nach unten:
822, 666, 848, 609

Seite 140

süß, weiß, Floß, Fuß, groß, Spaß, heiß
Der Selbstlaut vor ß wird lang gesprochen.

waagrecht: gießen, weiß, fließen
senkrecht: heiß, beißen

Seite 141

4 578 : 7 = 654
882 : 6 = 147
1 428 : 4 = 357
1 845 : 5 = 369
7 608 : 8 = 951

3 564 : 99 = 36
4 136 : 88 = 47
5 394 : 62 = 87

Seite 142

	lesen
fassen	Glas
Sessel	rasen
Messer	Musik
besser	Besen

	der Kuss
die Nässe	der Hass
das Wasser	das Wissen

Seite 143

1 • 4 = 4	4 • 4 = 16	8 • 4 = 32
1 • 6 = 6	4 • 6 = 24	8 • 6 = 48
1 • 7 = 7	4 • 7 = 28	8 • 7 = 56
1 • 5 = 5	4 • 5 = 20	8 • 5 = 40
1 • 3 = 3	4 • 3 = 12	8 • 3 = 24
1 • 9 = 9	4 • 9 = 36	8 • 9 = 72
1 • 8 = 8	4 • 8 = 32	8 • 8 = 64
1 • 2 = 2	4 • 2 = 8	8 • 2 = 16

Seite 144

Vorschlag:
mag, flauschige, braunen, spielt, frechen, rennt, füttert, kleinen
blitzschnell, spiegelglatt, steinhart, eiskalt, zuckersüß, federleicht, messerscharf, tropfnass

Seite 145

5 7 2 1 • 1 3	2 3 2 • 3 5
5 7 2 1	6 9 6
1 7 1 6 3	1 1 6 0
7 4 3 7 3	8 1 2 0

2 027 kg • 8 = 16 216 kg
1 275 kg • 19 = 24 225 kg
1 342 kg • 32 = 42 944 kg
1 179 kg • 20 = 23 580 kg

Seite 146

fliegen, vielleicht, Papier, Wiese

Wiese, Bier, Stiefel, Brief, Biene, Knie

Lösungen

Seite 147

Frage: Wie viele kg Futter sind es in einer Woche?
Rechnung: 4 kg + 5 kg + 2 kg = 11 kg
11 kg • 7 = 77 kg = 77 000 g
Antwort: Es sind 77 kg/77 000 g Futter in einer Woche.

Frage: Wie viel wiegen alle Ballen?
Rechnung: 100 + 85 = 185
185 • 18 = 3 330 kg
Antwort: Die Ballen wiegen 3 330 kg.

Seite 148

fahren
Lehrer
Frühling
Schuhe
Lösungswort: Reise

ah: Bahn
eh: nehmen, fehlen
oh: wohnen, Ohr
uh: Schuh, Stuhl

Seite 149

1 284 : 6 = 214
2 619 : 3 = 873
2 592 : 8 = 324
5 691 : 7 = 813
3 955 : 5 = 791
3 375 : 9 = 375

2 305 : 4 = 576 Rest 1
6 837 : 7 = 976 Rest 5
40 033 : 5 = 8 006 Rest 3
77 791 : 8 = 9 723 Rest 7
52 151 : 6 = 8 691 Rest 5

Seite 150

6: Wecker, backen, Zucker
7: dreckig, trocken
9: schmecken, glücklich
Das Wort schrecklich bleibt übrig.

hacken	spucken	bücken
backen	zucken	Rücken

Seite 151

Frage: Wie viel Milch braucht Tina?
Rechnung: 250 ml • 4 = 1 000 ml = 1 l
Antwort: Tina braucht 1 l Milch.

Frage: Wie viel Saft hat Tina verwendet?
Rechnung: 5 l : 2 = 2,5 l
Antwort: Sie hat 2,5 l Saft verwendet.

Seite 152

flüstern,
berichten, erzählen,
schreien, fragen, schimpfen

Lösungsmöglichkeit:
laufen, springen, marschieren, hüpfen, schleichen, rennen, rasen, spazieren, kriechen, humpeln

Seite 153

324:	288:	364:
36 • 9	18 • 16	26 • 14
12 • 27	36 • 8	52 • 7
81 • 4	72 • 4	28 • 13

1 001 : 13 = 77
10 010 : 130 = 77
5 005 : 65 = 77
2 002 : 26 = 77
6 006 : 78 = 77
8 008 : 14 = 77
Das Ergebnis ist immer 77.

Seite 154

ein Baum	vier Bäume
ein Ball	vier Bälle
eine Maus	vier Mäuse
ein Stab	vier Stäbe

Räume	Strand
Träume	Fäuste